在阅读中疗愈·在疗愈中成长

READING & HEALING & GROWING

蜜月效应

The Honeymoon Effect:
The Science of Creating Heaven on Earth

〔美〕布鲁斯·利普顿（Bruce H. Lipton）著
陶张欢 译

中国青年出版社

图书在版编目（CIP）数据

蜜月效应 /（美）布鲁斯·利普顿著；陶张欢译. —北京：中国青年出版社，2019.12（2023.7 重印）

书名原文：the Honeymoon Effect:the science of creating heaven on earth

ISBN 978-7-5153-3856-9

I.①蜜… Ⅱ.①布… ②陶… Ⅲ.①情感—通俗读物 Ⅳ.① B842.6-49

中国版本图书馆 CIP 数据核字（2019）第 267039 号

著作权合同登记号：01-2018-2501
THE HONEYMOON EFFECT
Copyright © 2013 by Bruce H. Lipton
English language publication 2013 by Hay House Inc. USA
中文简体 © 2019 中国青年出版社

版权所有，侵权必究

蜜月效应

作　　者：	[美] 布鲁斯·利普顿
译　　者：	陶张欢
插画作者：	stano
责任编辑：	吕娜
书籍设计：	瞿中华
出版发行：	中国青年出版社
社　　址：	北京市东城区东四十二条 21 号
网　　址：	www.cyp.com.cn
经　　销：	新华书店
印　　刷：	三河市万龙印装有限公司
规　　格：	787mm×1092mm　1/32
印　　张：	7.375
字　　数：	180 千字
版　　次：	2020 年 5 月北京第 1 版
印　　次：	2023 年 7 月河北第 2 次印刷
定　　价：	69.00 元

如有印装质量问题，请凭购书发票与质检部联系调换
联系电话：010—65050585

目录

001	前言	
001	第一章	与他人联系的内驱力
017	第二章	良好共振
055	第三章	爱情魔药
059		简化身心连接
070		雌激素和雄激素：交配
072		多巴胺：愉悦和渴望
077		血管加压素：结合与侵略
081		后叶催产素：爱之契
084		血清素（5-羟色胺）：痴迷
093	第四章	四个头脑想法不同
099		崇高的、具有创造性的显意识
101		习惯性的、播放记录的潜意识
104		子宫里的编程

109		子宫后编程
118		改变潜意识

139	第五章	传播和平与爱的稀有气体和图尔西
141		稀有气体
149		稀有气体：激光与爱
157		玫瑰花、图尔西和尊严
162		有意识地为人父母
166		连接稀有气体

174	后记

202	附录一	蜜月效应清单
203	附录二	喜剧电影疗法
205	资源信念改变疗法——进入和重新编程潜意识	
211	致谢	
215	关于作者	

经由

爱自己

爱他人

爱我们的星球

建立人间天堂

前言

*

没有爱的人生毫无价值
爱是生命之水
用心与灵魂喝下它吧!

——鲁米

年轻的时候，如果有人对我说我将来会写一本关于人际关系的书，我会觉得他们一定是疯了。我曾经认为，所谓爱，就是诗人和好莱坞制片人梦寐以求的神话，让人们对自己永远无法拥有的东西感到难过。永恒的爱？从此幸福地生活在一起？忘掉这些吧！

像所有人一样，我以某种方式被编程，以便让我生活中的一些事情能自然而然地发生。我的这些程序强调了教育的重要性。对于我父母而言，教育的价值就在于挖掘工与那些有柔软的双手、过着舒适生活的白领行政人员之间的差异。他们显然认为："如果你没有受过教育，就无法胜任世间的任何事。"

基于我父母的这种理念，再看他们在拓展我的教育视野方面是如何不遗余力，也就不足为奇了。直到今天，我还能清晰地回想起那一天的激动情景。在诺瓦克太太（Mrs. Novak）的二年级教室里，我第一次看见令人惊叹的微观世界——有单细胞的变形虫，还有和它的名字"水绵"一样有趣的、美丽的单细胞水藻。回家时，一冲进屋子，我就央求妈妈给我买一台属于我自己的显微镜。她毫不犹豫，立即开车带我去商店，买下了我的第一台显微镜。她的反应显然不同于我为得到罗伊·罗杰斯牛仔帽、六射手枪和皮套而拼命耍赖发脾气时的反应。

尽管我有一段时间迷恋罗伊·罗杰斯，但是，阿尔伯特·爱因斯坦才是我年轻时代标志性的英雄。我的米奇·曼托（Mickey Mantle）、加里·格兰特（Cary Grant），还有"猫王"埃尔维斯·普雷斯利（Elvis Presley）一起混合成了一个巨大的人格。我一直很喜欢爱因斯坦那张伸着舌头、满头爆炸型白发的照片。我也喜欢在起居室的电视机（这也是新近的发明）小屏幕上看到的爱因斯坦。他看起来很慈祥，像一个充满智慧又爱开玩笑的老祖父。

最让我感到骄傲的是，爱因斯坦和我的父亲一样，都是犹太移民。他通过自身的科学才华克服了偏见。我在纽约的韦斯切斯特县长大。有时，我感觉自己像个被抛弃的人。镇上的家长不让他们的孩子和我玩，免得我向孩子们传播危险的思想。爱因斯坦不是一个被抛弃的人，而是在世界各地都受到尊敬的犹太人，这让我感到自豪和安全。

优秀的老师、我所受的教育家庭，以及我时常在显微镜下花费数小时的热情，让我获得了细胞生物学博士学位和威斯康星大学医学和公共卫生学院的终身职位。具有讽刺意味的是，在我离开自己的职位，去探索包括量子力学在内的"新科学"时，我才开始了解儿时的英雄爱因斯坦对世界贡献的深刻本质。

虽然我在学术上发展势头强劲，但是在其他方面，我是功能障碍的典型代表，尤其是在人际关系领域。二十多岁的时候我结了婚。那时我太年轻，感情上并不成熟，还没有为有意义的亲密关系做好准备。结婚10年后，我告诉父亲我要离婚。他坚决反对，并对我说："婚姻是一宗生意。"

事后回想起来，父亲的回答对那些1919年从俄罗斯移民过来的人来说是有道理的。我父亲和他家人的生活艰难到无法想象，生存一直都是问题。因此，父亲把婚姻关系定义为一种生存手段的工作伙伴关系，类似19世纪野心勃勃的西部拓荒者招募邮购新娘的做法。

尽管我的母亲出生在美国，并且她和父亲的理念并不一致，但他们的婚姻呼应了父亲"商业至上"的态度。我的父母一周6天都在一个成功的家族企业共事。但是，他们的孩子中，没有一个能回忆起他们曾经接吻或分享一段浪漫时刻的情景。到我十几岁的时候，母亲对无爱婚姻关系的愤怒加剧了父亲的酗酒，他们婚姻的貌合神离越来越明显。弟弟、妹妹和我常常躲进自己的衣柜里，因为父母相互的辱骂破坏了以前和平的家庭氛围。直到父亲和母亲终于决定分房睡的时候，令人不安的战争才终于暂时停歇了。

正如许多不快乐的父母在20世纪50年代所做的那样，因为孩子的缘故，我的父母才生活在一起的。但是他们在我的小弟离家上大学之后就离婚了。我只希望他们能明白，他们那功能失调的关系模式对孩子所造成的伤害，远比他们离婚造成的伤害更严重。

那时候，我因为家庭生活的失衡而责怪父亲。但是，随着日渐长大成熟，我发现父母双方对破坏双方关系与家庭和睦的灾难负有同等的责任。更重要的是，我开始明白他们的行为被如何编入我的潜意识中，进而影响和破坏我与生活中的女性建立亲密关系的努力。

与此同时，我经历了多年的痛苦。离婚对我来说是一场毁灭性的打击，特别因为我的两个好女儿，如今可爱而又成功的女性，在当时还只是小孩子。这场打击如此深刻，以至于我发誓永远不会再婚。至少我深信，真爱只是一个神话——17

年来，每当我剃胡须时，都会重复这句咒语："我不会再结婚了！我不会再结婚！"

不用说，我并没有承认伴侣关系的重要性。尽管我每天早上都会有那样的一个"仪式"，但我仍然无法忽视所有有机体的生物必然性——从单个细胞到由50万亿细胞组成的身体——都有与另一个有机体交流的冲动。

我的第一次恋爱经历说起来简直就是陈词滥调。只不过是一个有情感发展障碍的老男人爱上了一名年轻女士，体验了一场由荷尔蒙驱动的、激烈的少年式恋爱的事件。在那一年的时间里，我幸福地在"爱情魔药"的作用下飘飘然生活着。这爱情魔药就是在我血液中流淌的神经化学物质和激素，你将会在第三章读到关于它的内容。

我的少年式恋爱最终不可避免地一败涂地（她说她需要"空间"。她骑着自行车，只走了很短的一段距离就投入了一名心血管外科医生的怀抱）。整整一年，我独自待在空荡荡的大房子里，沉溺在痛苦中，渴望那个离我而去的女人。不仅对海洛因上瘾的人，对那些失恋后激素和大脑神经化学物质逐渐恢复到日常水平的人来说，陡然间完全戒毒时的痛苦也同样非常可怕。

威斯康星州一个寒冷的冬天,我像往常一样独自一人坐着,又一次思念那个离开我的女人。我突然间想到:该死的,离我远点!在我人生关键时期偶尔会出现的一个明智的声音回应道:"布鲁斯,这不正是她所做的吗?"我忽然大笑起来,打破了这个魔咒。从此,我只要开始感到困扰就会大笑。最后,我终于通过笑声走了出来,虽然离洗心革面还有很长的一段路要走!

我搬到加勒比海,在一所海外医学院任教的时候,我振作起来的道路已经逐渐清晰了。我居住的别墅位于地球上最美丽的地方。它在海边,四周环绕着艳丽芬芳的花朵,甚至还有一名园丁和一名厨师。我想与人分享我的新生活(当然,不是结婚,因为我仍然被早晨的魔咒禁锢着)。我想要的不仅仅是一个性伴侣,而是一个可以在地球上最美丽的地方分享新生活的人。但是,我越费力地寻找,收获就越少,尽管我说出了自认为是世上最好的搭讪:"如果你没什么事可做的话,去我的加勒比海别墅陪我转转怎么样?"

一天晚上,我尝试与一名刚刚抵达格林纳达的女性搭讪。

格林纳达是我最喜欢的一座岛屿,它完美如画。我们到游艇俱乐部的酒吧聊天。我觉得她很有趣,于是邀请她留下来待一会儿,先不要回游艇上工作。她看着我的眼睛说:"不,我永远不会和你在一起。你太黏人了。"子弹正中靶心——我沉默着跌回了椅子上。经过了漫长的震惊时刻,我终于找回了自己的声音:"谢谢。这正是我需要听到的。"我不仅明白她是对的,而且知道我需要先整合自己的生活,然后才能拥有我非常渴望的、真正的亲密关系。

后来,有趣的事情发生了。一旦放弃了对亲密关系的拼命追求,那些想和我在一起的女性开始陆续在我的生活中出现。最后,创作这本书的真正灵感源头,我亲爱的玛格丽特,走进了我的生活。我们开始过我曾经幻想过的浪漫喜剧中所描绘的那种生活。

不过,那是后话。首先我要明白的是,我并没有"注定"孤独,并没有"注定"要被迫接受一系列失败的亲密关系。最终我还明白了,是我自己制造了生命中的每一次失败关系,但是,我还可以创造我想要的美妙关系!

我在加勒比地区的起点,是经历了我在《信仰生物学》中所描述的科学顿悟。在专心于对细胞的研究时我意识到，细胞不受基因控制。我们也一样。找到答案的那一瞬间是我转变的开始。正如我在那本书中记录的一样，我从一个心怀不可知论的科学家变成了一个喜欢引用鲁米诗句的科学家，开始相信我们都有能力创造自己的人间天堂，开始相信永恒的生命超越身体。

也就是从那一刻开始，我从恐婚怀疑论者转变成了真正的成年人。我终于为自己人生中的每一次失败关系承担起责任，意识到我可以创造出自己梦想中的关系。在本书中，我将使用《信仰生物学》中所概述的科学（甚至更多）来记录这种转变。我将解释为什么不是你的荷尔蒙、你的神经化学物质、你的基因，或你不那么理想的成长经历阻碍了你建立自己想要的关系，而正是你自己的信念阻碍了你体验那些难以企及的、充满爱的关系。只要改变你的信念，就会改变你的人际关系。

当然，实际情形远比这复杂。因为在二人关系中，事实上有四个头脑在工作。除非明白这四个头脑是如何相互对抗的，否则即使意图再美好，你也只是在缘木求鱼，这就是自助书籍和疗愈法往往只能培养洞察力，而不能改变实际的原因——他们只能处理四个头脑中的两个!

　　回想一下生命中你印象最为深刻的爱情事件,就是那些让你神魂颠倒的大事件。连续几天与爱人亲密相伴,不饿,也几乎不渴,同时还拥有无尽的能量——这就是蜜月效应,本应该永远持续下去。然而,蜜月常常会演变为日常的争吵,也许还会走向离婚或是只剩下相互忍让。好消息是,事情不必如此告终。

　　你可能会认为,热恋最多只是一个巧合,或者是最糟糕的错觉,而恋情崩溃则是运气不佳。但是在本书中,我将向你解释你如何在自己的生活中创造蜜月效应,以及它又是如何消亡的。一旦知道你是如何创造它又是如何失去它,你就能够像我一样不再抱怨自己在亲密关系中的霉运,从而创造出一种即使好莱坞制片人也会喜欢的、永远幸福的关系。

　　几十年的失败换来的是最终实现了幸福关系,有很多人询问玛格丽特和我是怎么做到的。我们将在后记中解释我们如何创造了长达 17 年的、幸福无比而且还会继续下去的蜜月效应。我们要分享我们的故事,因为爱是人类最有力的成长因素,是具有感染力的!当你在自己的生活中创造出蜜月效应的时候,你会发现你将吸引那些类似于你的、心中有爱的人,你也会更加快乐。让我们来看看鲁米长达八个世纪的、历史悠久的建议,陶醉于我们对彼此的爱。让这个星球最终演变成一个更好的地方,让一切众生能够生活在人间天堂。我希望这本书会启动你的旅程,在生活中的每一天创造蜜月效应,就像在加勒比海的那一刻启动了我的旅程一样。

第一章

*

我们无法想象与其他生命体毫无联系、单独存在的生命形式。

——路易斯·托马斯

-

与他人联系的内驱力

如果你的亲密关系多次失败,你可能会纳闷自己为什么还在继续尝试。我可以向你保证,你不会为了(有时短命的)美好时光而坚持下去,也不会因为电视广告上在热带岛屿恩爱的夫妻而坚持下去。尽管你的往昔记录不佳,尽管离婚统计数据惨烈,但你还在坚持,因为你被"设计"为要去与他人联系。人类并未注定孤独。

有一个基本的生物学"指令",它推动你和这个星球上的其他生物形成群体,与其他有机体产生联系。无论是否有意识地思考过这个问题,生物本能都在驱动你去与他人产生联系。事实上,群体中的个体(从两个开始)聚集是推动生物进化的主要力量。这种进化现象我称之为自发演化。在同名的书中我对这个现象做了深入的描述。[1]

当然,还有额外的生物指令,旨在确保个体和物种的生存:为食物、为繁衍、为生长、为保护,以及为生存而战斗的凶猛莫名的冲动。我们不知道生命的意义何在,也不知道生存的意志是如何被编入细胞的,但事实上,没有任何生物会轻易放弃生命。就算试图杀死最原始的有机体,如细菌,它也并没有说:"好吧,我会等着你来杀我。"相反,它会采取各种逃避动作来维持它的生存。

当我们的生物本能没有得到实现的时候，当我们的生存受到威胁的时候，甚至在我们的显意识头脑发现危险之前，我们的胃部会感觉到不适。现在，全球都有这种感觉。我们当中许多人一想到地球的环境遭到破坏，一想到破坏它的人类，就会感受到胃部不适。本书大部分内容着重于个人如何创造或重新点燃美妙的关系，但在最后一章中，我将解释由"人间天堂"般的关系所创造的能量如何治愈地球，并拯救我们的种族。

我知道，这个要求有点高。但我们手头上有一个非常成功的创造治愈关系的模式，它最终将治愈我们的星球。正如古代神秘主义者所说："答案在问题之中。"我们可以在形成人体的数万亿细胞共同体中看到和谐关系的本质和力量。起初，这可能看起来很奇怪，因为当你照镜子时，你可能会在逻辑上断定自己是单个实体。然而，这是一个重大的误解！个人实际上是由50万亿感觉细胞组成的细胞共同体，这些细胞全都在一个由皮肤覆盖的培养皿里。这是一个令人惊讶的见解，我会在第三章进一步解释。

身为一名细胞生物学家，我花了充分的时间从中学到具有价值的见解：在一个极其复杂的社区里，有 50 万亿感觉细胞，就像 50 万亿和平共处的公民。所有的细胞都在工作。所有的细胞都健康、安全，并有经济保障（一种基于 ATP 分子的交换。ATP 分子是能量单位，生物学家通常称之为"生物王国的货币"）。相比之下，搞清楚人类——（数量上）相对可怜的 70 亿人类——如何能够协调一致地工作，看起来很容易。与 50 万亿细胞的合作相比，人类社区、每对夫妻的事务——弄清楚两个人如何能够和谐地沟通协作——看起来像是小菜一碟（尽管我知道，有时这似乎是我们面临的最艰难的挑战）。

　　我向你保证，单细胞生物这种地球上的第一批生命形式，花了很长的时间才弄清楚如何相互结合。大概要 30 亿年的时间吧。即使我都没有耗费那么长时间！当它们开始聚集以创造多细胞生命形式时，先组成了单细胞生物的松散群体或"菌落"。但是，群体生活的进化优势（对环境更有意识，工作量的分担）很快就导向高度结构化的生物体——由数百万、数十亿，乃至数万亿个交互的单细胞组成。

　　这些多细胞群落大小不等，包括了从微观生物到肉眼可见的细菌、阿米巴（变形虫）、蚂蚁、狗、人类等等。没错！即使细菌也不能独自存活，它们形成分散的群体，通过化学信号和病毒保持沟通。

一旦细胞想出办法来共同创造各种大小和形态的生物体，新演化出来的多细胞生物体也会开始自己组合成群体。例如，在宏观层面上，美洲白杨形成了一个超级有机体，由单一的地下根系连接在一起的众多遗传基因相同的树（从技术上来说，是茎）构成。目前已知最大的完全相连的白杨是一片叫作潘多（Pando）的、占地643亩的树林，它位于犹他州（Utah）。有专家认为，它是世界上最大的有机体。

和谐的多种微生物群体的社会性，可以提供直接适用于人类文明的基本洞见。蚂蚁就是很好的例子。蚂蚁像人一样，是一个多细胞的社会性有机体。如果把一只蚂蚁从它的社群中取出，它就会死亡。实际上，一只单独的蚂蚁只是一个亚有机体，真正的有机体实际上是蚂蚁群体。路易斯·托马斯这样描述蚂蚁："蚂蚁非常像人类，它们与我们的处境同样尴尬。它们种植真菌，将蚜虫作为牲畜饲养，组成军队发动战争，使用化学喷雾剂来警告和混淆敌人，捕获奴隶，使用童工不断交流信息。除了看电视外，它们什么都做。"[2]

哺乳动物中也很容易观察到形成群落的自然驱动力,比如说马。小马驹喧闹地跑来跑去,激怒它们的父母,像人类的小孩子一样。为了让小马驹们排好队,作为一种施压手段,父母会啃咬它们。如果这些轻微的啃咬不起作用,那么父母就会进行最有效的惩罚——把这些行为不端的小马驹强制性赶出群落,不让它们回来。结果证明,这是最终极的惩罚手段,即使最活泼、最不受控制的小马也会竭尽全力调整自己的行为来重返群落。

至于人类社会,我们能够独自生活的时间比单个一只蚂蚁的要长。但是,在这个过程中我们可能会发疯。我想起《荒岛求生》(Cast Away)这部电影,汤姆·汉克斯(Tom Hanks)扮演的男人被困在了南太平洋的一个小岛上。他用自己的血手印在威尔逊牌排球上画了一张脸,给它取名为"威尔逊",这样他就有人可以交谈了。最终,在四年之后,为了能有人交流,他冒险用临时扎的木筏离开了岛屿。他宁愿死也不愿意一个人留在岛上,即使他已经想出了办法确保有食物和饮品——也就是,如何生存。

大多数人认为,传播的冲动是人类最基本的生物学指令。

因此，个体的繁衍毫无疑问对于物种的生存至关重要。所以对我们大多数人而言，性行为是如此愉悦——大自然要确保人类拥有生育和维持物种的渴望。但是，汉克斯并不是为了繁衍而冒险出岛。他冒险离开岛屿是为了与人沟通——他不想和一只排球说话。

对于人类来说，成双成对聚集在一起（生物学家称之为"配对"）比以繁衍为目的的性行为具有更重要的意义。在题为"人类的独特性"的讲座中，神经生物学家兼灵长类动物学家罗伯特·M. 萨波尔斯基（Robert M. Sapolsky）解释了人类在这方面是如何独一无二的：

但是，有些时候，我们面临的挑战是我们正在处理的是一些独属于我们的东西——动物界尚无先例。让我给你们举一个这方面的例子吧，一个令人震惊的例子。好吧。有一对夫妇，他们晚上回到家。他们谈话、吃晚饭，再谈话、上床、做爱，再谈更多的话，然后睡觉。第二天他们做着完全相同的事。他们下班回到家，谈话、吃饭，再谈话、上床，做爱、谈话、睡觉。他们连续 30 天每天都做这些事。连长颈鹿都会厌恶这样的生活,它的族群里几乎没有日复一日的非繁殖性交配行为,也没有哪头鹿会在事后谈论它。[3]

对人类而言,繁殖性性行为至关重要,直到人口稳定下来。当人类数量达到平衡与安全的状态时,为生育而进行的性行为就会减少。在美国,大多数父母都希望他们的孩子能够生存下来,也希望他们自己在老去的时候不会流落街头。平均每个美国家庭的子女人数不到两人。然而,任何受到威胁的人口都会提前生育,而且会生育得更多——他们在不知不觉中预料到自己的孩子无法生存下来,而且需要两个以上的孩子来分担养老的压力。以印度为例,虽然生育率在 10 年内从 19% 下降到了 2.2%,但是在家庭面临巨大生存挑战的最贫困地区,这一比率高出了 3 倍。

但是,即使在繁育压力减少的社会里,仍然存在着交合的诱因,因为与他人结合的内驱力胜过了生育的内驱力。没有孩子的夫妻可以创造美好的关系,而且许多夫妻有意识地决定不生孩子。在《两个人足矣:无子女夫妇生活指南》(Two Is

Enough: A Couple's Guide to Living Childless by Choice）一书中，作者劳拉·S. 斯科特（Laura S. Scott）探讨了为什么有些人会放弃养育子女的体验。斯科特用与朋友丈夫的对话开始了这本书。当时，他刚刚成为父亲：

"所以，既然你不想要孩子，为什么要结婚？""呃，爱……陪伴。"我脱口而出。他的问题令我感到震惊，让我一反常态地口拙……他翘首等待我的回答，他是真的好奇。在那一刻，我意识到自己在他看来有多么奇怪。这个人无法想象没有孩子的生活，他想要了解不生育子女的人的生活。[4]

斯科特开始研究这个课题。她发现，根据2000年的实时人口调查，美国有3000万对已婚夫妇没有孩子。美国人口普查局预测，到2010年，有子女的已婚夫妇家庭将只占家庭总数20%。[5] 斯科特对主动选择不生育孩子的夫妇做了调查。她发现，不要孩子的一个非常重要的动机是，这对夫妇非常珍惜他们之间的关系。其中一位接受调查的丈夫说："我们之间的关系现在是如此快乐、充满爱而且充实。想到我和妻子之间的关系状态不会改变,这令人欣慰。"[6]

也许,如果有更多人意识到,对于高等动物来说求偶从根本上讲是人与人之间的联系,而不是为了繁衍后代,那么人们对同性恋的偏见会减少。事实上,在动物界同性恋是很自然和普遍的。在2009年的一篇科学文献综述中,加州大学河滨分校生物学家内森·W. 贝利(Nathan W. Bailey)和马林·茹克(Marlene Zuk)主张进一步研究同性恋行为的进化原动力。他说:"动物中同性性行为的多样性和普遍性令人印象深刻。在包括哺乳动物、鸟类、爬行动物、两栖动物、昆虫、软体动物和线虫在内的广泛物种中,有成千上万的同性恋求偶、配对结合和交配的现象。"[7] 一个典型案例就是银鸥。21%的雌性银鸥一生中至少有一次与一只雌性银鸥配对,10%的雌性银鸥则完全是同性恋者。[8]

既然我们有相互联系的内驱力,那么无论是同性恋还是异性恋,我们都需要明白大自然是如何驱使我们与他人联系的。这正是本书的主题。除非我们能成功学会夫妻之间如何相处,否则,我们如何能够以细胞为榜样,创造更大的合作型社区呢？除非我们成功学会夫妻间更好的相处方式，否则我们进化的下一阶段——个体群聚形成更大的超级有机体"人类"——就会停滞不前。蚂蚁都能做到的事，我们人类当然也可以！

幸运的是，进化的故事并不仅仅是合作型社区的生存故事，也是一个具有重复模式的故事，可以通过几何学来理解，也就是把结构放入空间的数学。人类并没有创造出几何学，它们是从研究宇宙结构而来的，因为这是理解大自然组织架构的一种方式。正如柏拉图所言："几何学存在于万物受造之前。"

新几何学的重复模式"分形几何学"，揭示了对宇宙结构本质的惊人洞见。即使在内心深处，我们都知道自己正处于危机时刻。但正如我稍后会解释的那样，分形几何学表明，这个星球之前就一直处于极其危急的困境当中。每一次，尽管一路上都有伤亡（最著名的要数恐龙大灭绝了），但危机中总有更好的事物出现。

涉及分形几何的数学运算实际上相当简单，方程仅使用乘法和加减法。当这些方程之一被解时，答案被重新插入到原方程中再次求解。这个"递归"模式可以无限重复。当分形方程重复求解超过 100 万次时（超强计算机的出现，使得这种超大计算成为可能），几何图形就出现了。事实证明，分形几何的一个固有特征是创造了不断重复的"自相似性"嵌套模式。传统的俄罗斯套娃为理解分形图案提供了很好的意像。这种娃娃是母性和生育能力的象征，它实际上是一组在尺寸上逐渐缩小、相互嵌套的木制娃娃。每个娃娃都是微型复制品，尽管不一定与较大的那个娃娃形状完全相同。

正如俄罗斯套娃一样，大自然中的重复模式使得它的分形组织更加清晰。举例来说，树枝细枝上的图案与树干分枝上的图案相似。河流主干道的格局与其较小的支流的格局类似。在人体的肺部，大支气管的分支模式在较小的支气管中重复。无论机体多么复杂，它们都展现了重复的模式。

这些迭代的模式使我们更容易理解自然界。尽管协作型多细胞群体的结构进化得越来越复杂，但是，一个惊人的事实是，在人体的生理结构中，没有任何新功能是在单细胞当中未曾出现过的。单细胞生物位于进化阶梯的底层，而人类很可能处于进化阶梯的顶端。在组成我们身体的几乎所有单细胞中，都存在着消化、排泄、心血管、神经，甚至免疫系统。人类身体的任意一项功能，我都能向你展示它在单细胞中的起源。这些复杂的分形模式,意味着我们从大自然单细胞生物体当中学到的一切,都可以应用到更加复杂的有机体中,包括我们人类。所以,如果想要理解宇宙的本质,不必研究万事万物,你可以研究它的组成成分,就像我当细胞生物学家时做的那样。分形几何学的重复模式为神秘主义者所言的"在上如同在下"原则提供了科学框架。我们显然是宇宙的一部分,而非画蛇添足般地认为,我们的伟业是"征服"自然。

建立在分形几何重复模式之上的生物圈,同样提供了可以通过回顾其历史而预测未来进化方向的机会。相反,传统的达尔文派进化论认为,进化是由随机突变,即遗传"事故"引发的,这个理论意味着我们无法预测未来。但是,跟随细胞的脚步,我们的社会应该会是一个越来越具有合作性,也越来越和谐的社会,这样,我们(从两两配对开始)就可以学着如何合作以形成进化生物共同体——人类。

我们不需要诅咒自己在人际关系中的不幸,而是要认识到,我们在关系上的努力从根本上说是受大自然驱动的,这些关系可以是合作并且和谐的。我们需要听取鲁米的忠告:"昨天的我是聪明的,所以我想改变世界;今天的我是明智的,所以我在改变自己。"当我们开始与大自然(以及我们自己)和谐相处时,我们就可以在生活中持续创造蜜月效应。在这其中,关系是基于爱、合作与沟通的。在下一章中,我们将探讨有机体之间最基本的交流形式:能量振动。

附 注

1. 布鲁斯·利普顿博士，史蒂芬·巴哈尔曼，《自发演化》(Spontaneous Evolution)，(Carlsbad, CA: Hay House, 2009)，10。

2. 路易斯·托马斯，《细胞的生活：一个生物学观察员的笔记》(The Lives of a Cell: Notes of a Biology Watcher)，(New York: Viking, 1974)，11-12。

3. 罗伯特·萨波尔斯基，"人类的独特性"(The Uniqueness of Humans)，2009年6月13日斯坦福大学讲座(Stanford University Class Day Lecture: June 13, 2009)，www.youtube.com/watch?v=hrCVu25wQ5s.)

4. 劳拉·斯科特，《两个人足矣：无子女夫妇生活指南》(Two Is Enough: A Couple's Guide to Living Childless by Choice)，(Berkeley, CA: Seal Press, 2009)，1。

5. 同上，23-24。

6. 同上，77。

7. 内森·贝利和马林·茹克,"同性性行为与进化",《生态学与进化趋势》（Trends in Ecology and Evolution）第 24 卷，第 8 期（2009 年 6 月 10 日），439-46.

8. 布鲁斯·贝哲米,《生物界的姿彩：动物同性恋与自然多样性》（Biological Exuberance: Animal Homosexuality and Natural Diversity），(New York: St. Martin's Press, 1999)，554.

第二章

*

我相信大自然中有一种微妙的磁力,
如果我们下意识地屈从于它,
它将直接引导我们。

——亨利·戴维·索罗(Henry David Thoreau)

-

良好共振

我当时正生活在"天堂",远离吞噬我人生的法律纠纷和财务纠纷。就在此时,我犯了一个错误,一个任何有自尊的非人类哺乳动物都不会犯的错误。当瞪羚感受到母狮的存在时,她/他会犹豫吗?瞪羚会不会缓步走上前去询问母狮"你是我的朋友吗"?当然不会。一旦瞪羚感受到母狮的存在,就会以惊人的速度(每小时80公里)逃离,避免自己成为一顿晚餐。

但是,当让我浑身起鸡皮疙瘩的人类掠食者近在咫尺时,我做了什么?把他皮肤上的橄榄绿当作一种警告?把我猛烈的心跳(呃,哦,在这个黑暗的胡同里无处可逃)当作一种警告?把稳步向我走来的恶魔影子当作逃跑的警示吗?

没有。相反,我极力压抑自己对他的本能厌恶。毕竟,我正在从一名不可知论主义教授转变为一名开明的灵性科学家。我正专注于正面思考,这意味着我不想考虑或承认有人类掠食者存在这现实。我也在试着把注意力放在宽恕上。此人的外表除了在我看来像恶魔之外,其实和那个跟我打官司的男人非常相似。回想当时,如果我专注于宽恕他的话,也许他就会转身离开,不和我打官司了(一个小故事。在这种情况下,宽恕尚未生效)。我苦苦挣扎,压抑自己的厌恶与他闲聊。我努力让自己对他有礼貌,并且成功了。我用理智克制每次见到他时产生的焦虑,把这看作某种形式的新时代忏悔。

大约在认识我的掠食者邻居一年之后,我从巴巴多斯(Barbados)搬到格林纳达(Grenada)。搬家工来给我收拾行李。我所在的医学院将我调任,我想我的善行即将在两方面得到回报。首先,令我兴奋的,也是最重要的是,我再也不用见到那个至今都让我浑身起鸡皮疙瘩的人了。其次,我认为我的直觉一定出错了,因为他现身帮忙把我所有的财物(除了一个我回美国要用的便携旅行箱),包括我心爱的高端摄影器材装上货车。毕竟,他不是一个坏人。我的理智这么对自己说。一直以来,我那烦乱的心都孩子般狂乱地跳动,想要逃脱!

真相猝不及防地击垮了我。回到加勒比,我(在不断催促了搬家工好几天之后)得知我的行李永远不会到达了。在我离开巴巴多斯的第二天,我的掠食者邻居就去了货运公司的办公室，取消了行李运送行程，拿走了我的退款，偷走了我所有的东西，然后从巴巴多斯消失了。本应该是宽恕和正面思考方面的课程，最终成为"如何处理我所拥有的一切都失去"的教训。又一次，已经是第四次了，我希望也是最后一次失去所有的财产。没错，我的人生充满变故！

损失了全部财产对我来说是一个痛苦的教训。不过，本章的要点在于相信"不良共鸣"与"良好共鸣"的重要性。这颗星球上的所有有机体都使用振动（又名能量）作为交流的主要手段。我以一种艰难的方式了解到，忽视这种主要的沟通方式是一个巨大的错误。这个错误是我们人类一直都在犯的。尽管在某种程度上，我们知道自己已经拥有了布鲁克林大桥，但我们还是买下了它。当我们的理智专注于语言，尤其是当它们被狡猾的骗子（或恋人）说出来时，我们会否认自己的感受。关于语言的问题，我越喜爱它们，它们就越能掩盖住更可靠的能量交流。有一次凌晨3点，就在我开始打瞌睡的时候，我听到一场电影中的对话："语言是为了隐藏感情而设计的。"这句令人难忘的台词让我感到高兴，我没有白白熬夜。

我的掠食者邻居口中的话语并没有向我透露出他选择以骗子作为职业，我的言语中也没有哪一句流露出我对他的反感。尽管我在努力说服自己不要反感他，但在某种程度上我知道，因为我能够感知到他的能量和他的不良振动。

为了在生活中创造蜜月效应，你需要利用你的美好天赋，利用你感受良好振动和不良振动的能力。为了做到这一点，你可能要克服自己在年轻时受到的制约，尽管那并不是你要化解的唯一制约。我将在第四章解释这一点。

我们当中有很多人从很小的时候起就一直接收这样的讯息："不要管你自己的感受，要听听这些话。"于是，我们都说服自己不要听从本能（能量振动）。我们忽略了自己内心感受到的具有警告意味的征兆。比如说："当他说他爱我的时候，他是在撒谎。"我们感到内疚（正如我对那位邻居的强烈反感），所以我们听从理智，说服自己："我一定是搞错了，因为他说的都是对的。而且毕竟我爱他，而爱能征服一切。"或者，我们会忽略良好的振动："她真的非常棒，但我们是不可能的，因为她不是我喜欢的类型。"

"读取"能量传递的讯息听起来像是新时代的无稽之谈，其实并非如此。事实上，这是主流量子物理学。没错，我们现在来讨论这一章的真正主题了！有一段时间里，读取他人的能量这种事在我看来就像是信口胡言。如同我这一代的大多数生物学家一样，我接受了牛顿物理学的基本原理，它精辟地测量并描述了物质宇宙是如何运作的。当牛顿证明他仅仅用物理学就能预测太阳系的运动，把上帝排除在等式之外时，科学与宗教之间的裂痕就拉开了。到了我研究科学的时候，这种裂痕变得更加巨大。而最近，生命科学家们通常都专注于研究物质领域，把无形的领域留给宗教的追随者。不过，我并不是宗教徒。

回想起来，我可以看到其他科学家和我都非常天真地认为，宇宙力学只能用超理性的传统牛顿物理学来解释。即便是牛顿原理对于物质世界的解释如此精确，也还不足以解释这个世界对善与恶的直觉感应、疾病的奇迹般缓解、心灵感应和蜜月效应。

像大多数生物学家那样，我很久才适应"后牛顿"世界。最终，在琢磨量子物理学的时候我意识到，马克斯·普朗克（Max Planck），维尔纳·海森堡（Werner Heisenberg），我童年时代的英雄爱因斯坦和其他先锋思想家，他们带来了一种新的物理学，它提供了一个窗口，让我们了解到我们看不见却真实存在于生命中的那些东西。

量子物理学教给我们的是，我们认为是物质的一切都不是物质。相反，宇宙中的一切都是由非物质能量构成的，万物都在辐射能量。这是一个科学上的既定事实，即每一粒原子和每一粒分子都在辐射和吸收光（能量）。[1]因为所有的生物都由原子和分子组成，你、我，以及一切活物，都在辐射能量（"振动波"）。这包括我的掠食者邻居，他散发出我本应该躲避的那种能量！

但是，你会抗议：难道你不是经常站在讲台上做关于蜜月效应的讲座，而不是穿过讲台摔下来？这难道没有表明你是物质存在，而没有让你摔下来的讲台是物质实体吗？

不！不！在讲台上的时候，我是站在能量漩涡里，所以我没有穿过讲台摔下来（尽管，我已经摔下来了，但那是另一个故事）。而且，当你看着我的时候，你看到的肉身事实上只是一个幻觉。我不具有任何物理结构,你看到的是从我身上反弹回来的光子!除非你已经了解了量子物理学,否则我确信我并没有说服你放弃"我们生活在物质世界"的信念。我承认,量子物理学的原理的确很奇怪,正如它们很奇妙一样。所以,我会尽我所能地解释,为何我们曾经认为的物质世界实际上是充满能量的。

最初,牛顿物理学认为原子是宇宙中最小的粒子。事实上,原子这个词来自希腊语"不可再分割"。然而,1895年——标志着物理学开始复兴的这一年,永远地改变了我们对世界的理解。正是在这个时候,物理学家开始发现,原子是由更小的粒子组成的。后来科学家们发现,这些基本的亚原子粒子是由一群更小、行为也更奇怪的粒子组成的,包括玻色子、费米子,以及夸克。这些更小的亚原子粒子的发现,开辟了新的量子领域,其怪异的特性让传统牛顿物理学原理不再适用。

量子物理学最奇怪的特征是,这些更小的亚原子粒子不是由物质构成的——它们根本不是物质。我想展示下面这张图:牛顿原子与量子原子的对比。

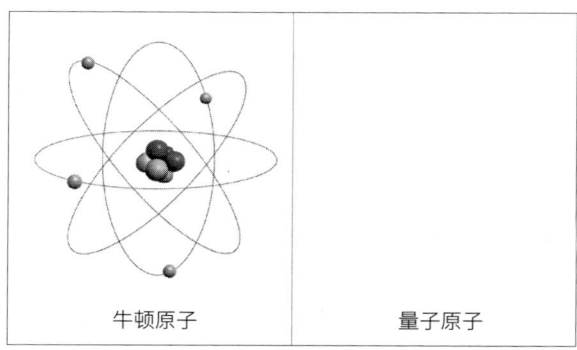

牛顿原子　　　　　量子原子

左边的牛顿原子可以很容易用弹珠和滚珠轴承这种具体的形象加以说明，这是你可以从学校课本中认出的太阳系模型。右边的"量子原子"的插图看起来像是一个错误——它是空白的。那是因为，物理学家们已经认识到原子的内部不存在物质实体。组成原子的亚基由极强大的无形能量漩涡构成，相当于纳米龙卷风，是不可见的物质。事实证明，物质是一种奇怪的能量形式：它不具有物质性。对于那些习惯于把这个世界看成物质世界的人（包括科学家）来说，这是一个很难理解的概念。想象一下，你正沿着一条开阔的公路加速驾驶你的保时捷，这时有一股龙卷风冲过来，这个想象可能有助于你理解能量是如何组成原子的。你能看见下图龙卷风的物质结构，是因为旋风中卷入了灰尘和瓦砾。

如果把龙卷风当中的灰尘和瓦砾全部过滤掉，那么你就能看见上面右图所显示的样子。龙卷风没有任何物理结构，它"只是"一个不可见的能量场。但是，如果你试着以每小时160公里（或更慢）的速度继续"兜风"，穿过龙卷风的能量场，你就会亲身体验它的力量。试图穿越龙卷风的行为将是灾难性的，也是致命的，就像撞到石墙一样。因为龙卷风的能量场抵抗对立的力量（超速的保时捷），就像物质（墙壁）一样。事实上，由原子的"纳米龙卷风"产生的力量比飓风卡特丽娜所产生的威力更大。正是由于这些力量，我站在讲台上而不会穿过它摔下去。我的脚下有数万亿由原子纳米龙卷风形成的旋涡，而我正站在这些旋涡上。那么，让我们沿着对原子的这种理解得出合乎逻辑的结论。原子是由能量旋涡组成的。这就意味着，由原子组成的分子也是由能量旋涡组成的。于是，由分子组成的细胞也是能量旋涡。而最终，由数万亿细胞组成的人类……也是能量旋涡。没错，我们看上去是物质的，但这是一个假象，是光的诡计——我们全都是能量！

这与我们的个人生活有什么关系呢？根据传统物理学课程所教授的，量子力学原理只适用于亚原子级，所以与我们没有任何关系。但是，有一些物理学家像我一样，认为量子力学原理对我们的个人生活有深远的影响。一旦我们接受"我们基本上是能量化的存在，与我们所属的巨大而充满活力的能量场有千丝万缕的联系"这一事实，我们就再也不能把自己看作无能为力的孤立个体，看成只不过是碰巧赢得了达尔文进化论的彩票而已。正如历史上的神秘主义者已经告诉过我们的那样，宇宙中的一切都是相互联系的。越南佛教僧侣一行禅师（Thich Nhat Hanh）说："对于海洋中的波浪来说，开悟，就是波浪意识到它是水的那一刻。"

为了说明我们所属的无形能量场的机制，以及这些机制如何与我们的生活息息相关，我喜欢使用可见世界中大家都熟悉的例子。当你把两粒石子都丢进池塘时，它们会产生涟漪，也就是一些微型的波浪。涟漪不是由落下的石子产生的能量，它们是无形能量形态的一种物理补充。水波纹是由运动能量的力量（还记得龙卷风和保时捷的类比吗）形成的，能量之力在穿过池塘表面时让水产生了形状的改变。

涟漪的故事：图 A 中，鱼儿正在考虑要不要咬上那条小虫。这时，一粒石子掉落，即将击中水面。图 B 中，石子落水了，它的动能被转移到水中，并从撞击的部位开始辐射开，形成一系列同心波纹。动能将水塑造成微型波浪，但水本身并没有真正运动。渔民的浮子可以说明这一点，当水波经过时，它垂直升起并落下（见箭头）。事实上，浮子不随波纹水平移动，表明浮子下方的水没有移动。微波荡漾的轮廓，揭示了能量的波动特征。图 C 显示了能量波的形状。涟漪的高度和深度反映出能量的力量。掉落的石块越大，它向水传递的能量就越多。能量由纹波的大小来衡量，称为波的振幅（标示为 A）。能量的频率，是以赫兹来测量的，由每秒产生的波的周期数决定。

现在，让我们来做两个假设实验，用它们来清楚地展示能量是如何相互作用的。首先，把两颗大小相同的石子从同一高度、在同一时间投入同一个池塘。对于这个实验，我感兴趣的是两颗石子所产生的涟漪交汇处的情况。在两组涟漪交汇的一个点上，你会看到纠缠在一起的能量波的能量被放大，因为现在的组合波高度大于产生它们的单个涟漪的高度。由两组纠缠能量所产生的波动能量被增幅，这种现象被称为相长干涉，因为它放大了波的大小。如下图所示。

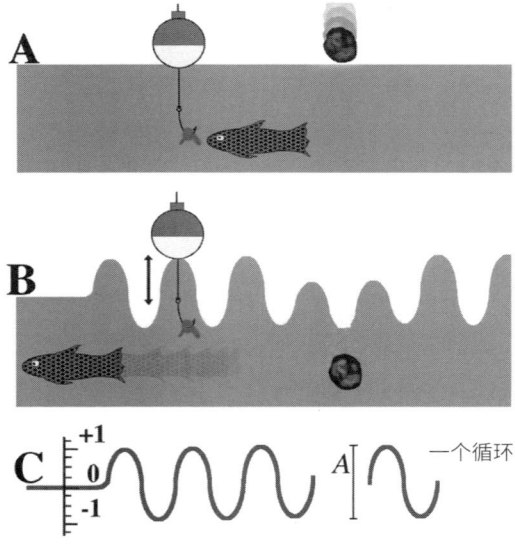

相长干涉：图1中，两组能量穿透水面向对方前进。如图所示，A波和B波在向对方前进，相位（phase，译注：相位是一个物理学术语，描述一个波于特定时刻在其循环中的位置，一种它是否在波峰、波谷或它们之间某点的标度）相同（即：同相，in-phase）。在这种情况下，两组波都以负振幅为引导。它们的周期模式是一致的，波是同相

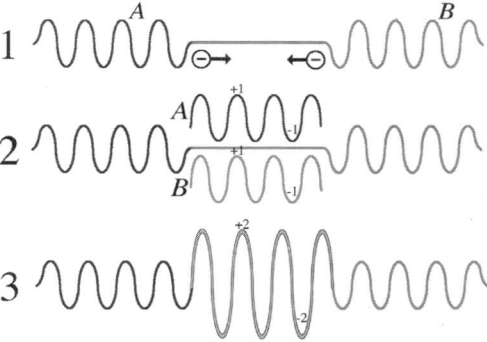

的（谐波共振）。波在两个涟漪相遇的交界面融合在一起。为了说明这种融合的结果，图2中绘制了上下两组波浪。当A的振幅+1时，B的振幅也+1。两者合并的结果是复合波的振幅+2。同样地，A的振幅-1时，B的振幅也-1，总振幅则-2。

图3所示的高振幅复合波是相长干涉的一个例子。

第二个实验是把一粒石子投入池塘，稍后再投入另一粒石子，而非同时投入。这次你不会看见像第一个实验中那样的能量波放大，因为两组能量波不同步——它们并不合拍；当一个波上升时另一个波在下降。两组相位不同（out-of-phase，不同相）的能量波在互相抵消。能量没有叠加，而是消散。正如你将在下图中看到的一样，两组波并没有在交汇点上升，那里的水面很平静。这种能量抵消的现象被称作相消干涉，因为它减小了波浪的大小。

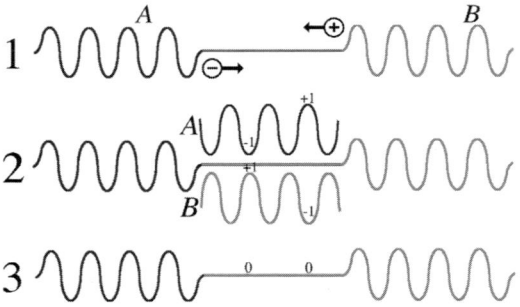

相消干涉：在图 1 中，由第一粒石子发出的波浪，标记为波 A，从左往右运动。波 B，从右往左运动，代表从比第一粒石子稍后落水的第二粒石子发出的波浪。因为石子没有同时落水，所以它们不同相。图中，波 A 由负振幅引导，波 B 由正振幅引导。二者在图 2 中相遇，两组波互为镜像；一组波的高振幅（+1）与另一组波的低振幅（-1）对齐，反之亦然。如图3所示，两组波的振幅数值互相抵消，于是复合波的振幅数值为0，完全没有波浪了……它是平的！被抵消的能量波是相消干涉的一个例子。

不需要关系专家或量子物理学家知道我说这些的意义。鉴于量子物理学的本质，爱的定义（此后永远快乐的定义）是相长干涉，也就是良好的共振（直觉感应）。良好的共振是大自然在以它的方式告诉你，你正在正确的地方与正确的人在一起。仅仅和一位与你和谐共振的伴侣共处一室就会提升你的能量，你们一同创造出能产生高能波的涟漪。

另一方面，相消干涉，即不良共振，也是大自然在以它的方式提醒你潜在的危险。在一段关系中出现的不良共振，可能是你的神经系统在提醒你，你找错人了。一段在能量上不和谐的关系，其可能的特征为互相叫喊和指责，甚至是与伴侣共处一室都让你感到沮丧。

所以，当你与别人的能量"纠缠"时，你想要的是相长干涉（良好共振），而非相消干涉（不良共振）。你希望互动可以增加你的能量，而不是消耗它。现在，既然已经明白这个你明显已经注意到的现象背后的科学，即：有些人给予你激励，有些人消耗你的能量。那么我希望你会养成习惯，与那些会提升你能量的人相处。

顺便说一句，早在量子物理学家发现宇宙非物质本质的影响力之前，中国人就已经发现，人可以在自己周围放置一些"物体"来提升自身的能量。物体也像人一样在振动。风水学起源于中国天文学，它以一种符合人的能量的方式平衡周围的物体，从而提升"气"（能量）。对西方人来说，这似乎是一个奇怪的概念，但毫无疑问，人们已经无意识地明白了它的影响力。

想象一下，你去一家商场，比如说卖鞋的诺德斯特龙百货。你找到了五双喜欢的鞋子。它们价格相同，而且来自同一家制造商，但款式不同。你打算选哪一双？你是如何做出最后决定的？答案是：你买下的鞋是让你感觉良好的那双。它比其他鞋更能带给你能量。你带着你爱的那双鞋回家，而不是你喜欢的那双。

另一个例子是，当你参观某人的房子时心想：哇哦，这栋房子是如此美丽，它让人感觉如此平静。我喜欢这栋房子。那是一栋能与住户的能量和你的能量共振的房子。或者你到另一户人家里去参观，心想：那张植绒墙纸怎么了？天啊，他们怎么会把那幅画挂在墙上？那栋房子与你的能量不匹配，它的居住者也可能与你没有共鸣。

如果我建议你回家看书，我敢打赌你会坐进最舒服的那把椅子里，尽管它旁边可能有一把完全相同的椅子。让你感觉良好的是这把椅子周围的能量场，而不是椅子本身。以水波纹来类比，你最喜欢的椅子位于波纹交汇点，在那里波纹产生了最强有力的相长干涉。

或者像我要说的最后一个例子这样。你是否因为重新摆放家具或坚持所有的家具都要更换位置而让你的伴侣抓狂？想要更换家具位置的冲动，暗示着你已经发生改变，家具的能量场不再与你的新能量场保持一致。或者，也许你真的已经改变。你需要搬出那栋房子，而且要远离你的伴侣，因为房子和你的伴侣都不能继续在你的生命中创造相长干涉！

重要的一点是，你不应该让你的理智打压内心的声音……无论是移动家具、处理一幅让你毛骨悚然的画，还是让一位新的伴侣进入你的生活。或者，以我为例，脱离一名令我浑身发冷的邻居。如果重视良好共振与不良共振，你将会提升自己的能量；如果提升了你的能量，你的生活也会改善。反之，如果低估了读取良好共振与不良振动的重要性，你可能就走进了谚语中所说的"龙潭虎穴"，甚至一直待在那里，令余生悲惨凄凉。

对于人类来说，这远远不够。人类有高度进化的大脑，可以做到的远多于只是读取到良好共振和不良共振——当我们传播出来自大脑的想法时，可以创造良好共振和不良共振。对于大多数人来说，这个概念甚至比心灵感应、风水、相长干涉与相消干涉都难以接受。这是因为我们已经习惯于认为我们的想法是驻留在大脑内部的——过分的担忧如此疯狂地在无数个不眠之夜侵扰着我们。

事实上，我们的大脑一直在把信号传播到头脑之外的环境当中，也在一直应答环境中的信号。现代医学开发并利用了这种双向信号传导，以达到诊断和治疗的目的。你一定很熟悉脑电图（EEG）。传感器和电线被放置在头皮上读取大脑的电活动。脑磁图也一样，只不过用来读取大脑电磁活动的探头甚至都没有触碰到头部而已！这个惊人的无创技术被用于认知研究和诊断，例如术前定位肿瘤。能做到这样是因为大脑在头部外面产生了能量场。

还有另一项无创医疗技术，经颅磁刺激（TMS），在头部外生成磁场以诱导大脑目标区域的电活动。[2] 2003年，澳大利亚研究人员发现，当使用经颅磁刺激提高自闭症研究专家的大脑局部神经活动时，他们可以提高其中一些研究主体的绘画技巧。[3] 2000年，耶鲁大学的研究人员发现，经颅磁刺激能减少精神分裂症患者的幻听。[4]

经颅磁刺激最常用于治疗已经对其他疗法产生抵抗力的抑郁症。超过30项已经公布的研究显示，经颅磁刺激可以帮助治疗难治性抑郁症，这为美国食品和药品管理局在2008年决定批准第一台TMS设备用于治疗抑郁症奠定了基础。2012年，一项关于抑郁和焦虑的研究在威利线上图书馆发表。这项研究在临床上证实了TMS治疗重度抑郁症（MDD）的疗效。该报告总结了来自美国42个TMS临床实验点的307名患有MDD病人的数据，发现患者阳性反应率为58%，缓解率为37%。[5]

从所有这些技术（脑电图、脑磁图和TMS）可以明显看出，大脑能产生并响应能量"场"，从而影响细胞行为和基因表达，并改变人的认知、情绪和行为。此外，大脑的能量场负责释放和传播控制细胞与基因活性的神经肽和其他神经递质。大脑能量场的影响力在安慰剂效应中最为明显。只要大脑相信药物或医疗程序是有效的，就会产生疗愈效果，尽管药物可能只是糖果或牛奶，或者这个疗程其实完全没有医学价值。

为了真正理解思想和信念的潜在力量，让我们看看量子力学的另一个原理，即"非定域性"。它被爱因斯坦难以置信地称之为"幽灵般的超距作用"。事实证明，一旦量子粒子相互作用（或者用量子力学的语言来说，"纠缠"），无论它们相隔多少公里（即非局定域），它们的机械状态仍然是耦合的。例如，如果一个粒子的旋转（龙卷风）旋转是顺时针的，那么与它纠缠的双生子旋转方向就是相反的，即逆时针旋转。量子粒子也具有定向极性，向上或向下。当一个粒子的极性向上时，其伙伴的极性则向下。无论它们相距多远，即使一个粒子在巴黎，另一个在北京。当一个粒子自旋的极性或旋转方向发生变化时,其双生子的极性或旋转方向也同时发生改变。

物理学家们想出了各种巧妙的故事来帮助外行人以及科学家们理解非定域性。对于每一个陷入物质世界困境的人来说,非定域性都是一个非常奇怪的概念。密歇根大学物理学家段路明(Luming Duan)想出了一个量子赌场,这个赌场中的俄罗斯轮盘是相互纠缠的。也就是说,如果一个球落在黑色的数字上,那么隔壁桌上的球必定落在红色上。[6]

当物理学家确定量子粒子非定域地相互影响,并试图给出一个能解释它的故事时,超心理学研究人员也开始研究人类的心灵是不是像量子粒子一样非定域地"纠缠"。没错,的确如此!这种现象也得到了种种事实的支持,包括灵媒、能量治疗师、父母,以及相爱的夫妇。如果某个人的小孩或伴侣出了事,即使那个人在另一个城市或另一国家,他们都能够准确地感应到。

理论物理学家阿米特·高斯瓦米(Amit Goswami)说,墨西哥大学的研究使他得出了一个"不可避免的"结论:人类的心灵(或思想)是非定域地连接在一起的,"量子的非定域性也发生在大脑之间"。[7]

在墨西哥大学的实验中,两个人共处电子屏蔽法拉第室。他们在彼此身边冥想20分钟,目的是体验共同的冥想状态。接着,让冥想者分别待在两个独立的房间里。前一个实验中他们相距3米,后一个实验中他们间隔14.5米,各自被连接到脑电图仪。一盏红灯周期性地在其中一位冥想者眼前闪烁,引发了一种独特的脑波模式,叫作"诱发电位"。在1/4的案例中,另一位冥想者的大脑与之发生了"纠缠"——它同步引发了"诱发电位"的脑波模式,尽管他/她没有看到灯光,也没有产生任何关于灯光闪烁的想法。[8]

振动纠缠是"吸引力定律"(以及较少谈到的、更与个人相关的"排斥定律")的一个基本组成部分,这个定律可以解释你会将什么事物引入或赶出你的生活。我喜欢用熟悉的物体进行另一个类比来说明这些规律是如何运作的。在这个例子中,有一个音叉和四个水晶高脚杯。如图A所示,每一个水晶杯都以不同的频率自旋,分别标记为W,X,Y和Z,因为每个杯子都由不同的原子组合而成。

接下来,在图B中,我击打这个设置成以频率X振动的音叉。就像训练有素的歌手强大的声音一样，音叉的能量振动与水晶杯 X 纠缠并形成相长干涉，放大了它们共同的能量并使它们振动得越来越快。振动的原子产生了如此之多的力量，以至于高脚杯真的爆炸了！这就是你在蜜月中所经历的相长干涉。在蜜月中，你和伴侣的能量正是以最佳方式纠缠在一起。

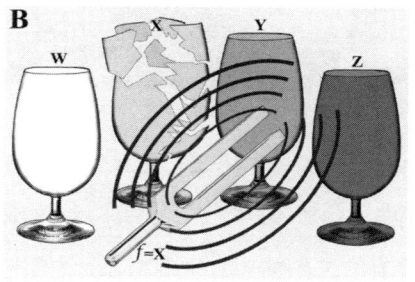

现在你在想,如果事情只是如此简单的话,我要去买一把音叉来塑造我的世界!幸运的是,你不必去买。你已经拥有了。你的大脑所散播出来的思想就是一个复杂的音叉——实际上比一个音叉还要复杂得多。

为了表示音叉大脑的力量,让我们在上方插图中的四个高脚杯上贴上代表不同情绪"能量"的图像。高脚杯 W 上有一张愤怒的夫妇的照片,他们正面对面向对方尖叫。

高脚杯X上的照片中则是一对欢度蜜月的情侣在享用浪漫的晚餐。高脚杯Y上展示的是一幅"我到底怎么会落得跟这个家伙在一起的下场?"的恼人场景。高脚杯Z上展示的是一对杀气腾腾的夫妇在离婚法庭审判前互相指责对方。

在给出的这些选择中,我们很容易会选定"X杯",所以让我们再冲击一次X酒杯吧。这次使用的不是可见的音叉,而是由你的音叉大脑散播的想法。经由相长干涉,你的思想将激发与你头脑所创造的图像共振的生活体验。专注于X杯的照片,以及在那些日子里,当你处于幸福的阵痛中时的高涨情绪。忘掉那个在你交完法律学校学费后就甩了你的家伙吧!忘掉那个为了网络亿万富翁而离开你的女人吧!只是从你的想法中驱逐你已经体验过的酒杯W、Y和Z之类的任何场景——你不想用那些照片产生相长干涉,因为它们会出现在你家门口!由高脚杯W、Y和Z所代表的景象没有被你的思想激活,而X杯所代表的场景则被激活了。当我们的思想与这一景象产生共鸣时,一对喜悦夫妻的和谐场景将在我们生活中显现。

这些高脚杯的类比说明,将你充满激情的消极、恐惧、愤怒的想法和情绪转换为充满激情的积极想法和情绪，对创造生活中的蜜月效果来说是多么重要。想一想你最熟悉哪些高脚杯代表的场景？如果答案是除了 X 之外的全部，那么好好看看你的想法吧。你可以通过确保你所散播的想法准确地反映出你想为生活带来什么，从而创造出你想要的生活（或高脚杯）愿景。如果你总是对从前的关系充满愤怒，同样的破坏性关系还会出现在你门前。如果你避免这种消极的想法和意象，这些场景很可能就不会在你的生活中出现。

人类和动物掠食者本能地理解这一点。以我在本章开篇时提到的狮子为例。和人类掠食者不一样，母狮不会寻找最大的瞪羚，把它的角作为战利品挂在她窝里的墙上！她只对吃东西很感兴趣。因此，她只是迅速扫视一圈，挑选最弱小的瞪羚来对付，她能感觉出，只需要最少的战斗，可以最快、最容易地得到晚餐。

人类掠食者虽然不在森林里活动，但也会做同样的事情。比如说，抢劫犯会寻找散发恐惧或散乱能量的受害者（有时候弄错了，选择了"错误"的受害者，则会给他们的生活带来战斗)。不是他们穿的衣服,而是他们的共振让他们成为受害者。尽管有种种缺点,但我的掠食者邻居很擅长一件事。他是个很好的诈骗艺术家,因为他准确地察觉到我的弱点。他感觉到我不会像我应该做的那样把他赶走。如果不是我散播出了矛盾的振动,他就会转向更有希望的猎物。

思维科学研究所主任、超心理学研究员兼人类学家马利林·施历茨(Marilyn Schlitz)和英国超心理学怀疑论者兼心理学家理查德·怀斯曼(Richard Wiseman)的一系列有趣的实验表明:即使在严密的科学实验中,研究人员散播的思想也会发挥作用。怀斯曼和施历茨合作研究来确定一个人是否能够在看不到别人的情况下感觉到有人在盯着他们。在这些实验中,当施历茨盯着别人看时,统计数据受到了显著影响;当威斯曼盯着时,则没有效果。[9]读过《信仰生物学》的人不会对此感到惊讶。信者,施历茨,假定实验将会成功,而结果也确实成功了;不信者,怀斯曼,假定实验不会成功,作为他信念的结果,实验当然就没有成功。

现在,就这一点,你可能在(消极地)想:好吧,对我来说，没有蜜月效应，因为我的信念全都是消极的，我所体验到的全都是消极的。如果你对此坚决反对，那么这里还有一些好消息给你。即使你们的关系是一场灾难，你也仍然为此感到痛心，那就假装一小会儿。当你转移自己的想法，专注于爱、支持以及高脚杯X所描绘的亲密关系场景（即使这似乎来自一个你不知道的行星的场景，或是你在遥远过去所经历的为期一周的蜜月。）你可以把这种关系吸引到你的生活中。即使你过去从来没有经历过，你也可以吸引这种充满爱的关系。但是，如果你继续沉浸在其他高脚杯所描绘的各种意象和体验中，它们将成为你体验关系的唯一途径。

这听起来像是在指责受害者，其实不然。事实上，如果我们尚未意识到我们的想法和信念在如何影响我们的世界，那么，我们怎么能对过去的行为感到"自责"或"内疚"呢？基于一个基本而简单的原因，我们不可能对过去的事情感到自责、内疚或羞愧。这个原因就是：这些贬义词只适用于知道事情是如何运作的人，而拥有这种知识的人做了破坏自我或其他"自我"的事。

显然，提出新科学的目的，并非让你有理由对自己所创造的过去感到内疚。现在你知道了，沉湎于过去只会把更多的内疚吸引进入你的生活！呈现这些信息的目的是，帮助你意识到自己的力量到底有多么强大。知识就是力量。有了这些知识，你从现在开始就有能力去创造你想选择的生活和人际关系。从现在开始，你可以拥抱并陶醉在脉动的能量宇宙中。约翰·霍普金斯大学的物理学家理查德·科恩·亨利（Richard Conn Henry）认为："宇宙是非物质的，是精神的、灵性的。生活吧、享受吧。"[10]

生活并享受你是创造者这个事实，你不是生命中的牺牲品。你可以利用自己的大脑，把它作为一个音叉，与你想创造的生活产生共鸣，避免思考你不想要的事物，从而拥有你所渴望的关系。你正在展现你的生命。你拥有创造你想要之物的自由。

在进入下一章"关于爱的生物化学"之前，我想说说关于良好共振的问题，我猜你可能已经想到了。难道对于性的良好共振不是永远幸福的爱吗？尽管对于进化阶梯上的生物来说可能是这样的，但对于人类来说却并非如此。

我并不是说性不好。性是好的，甚至是伟大的。它并不仅仅是为了物种的存续。然而，为了永恒的幸福，目标本身并不是性。目标是和你真正想要的伴侣发生性关系。作为进化阶段阶梯上最为进化的动物，我们可以做到的不仅仅是对基因和激素的反应。当你不断更换床伴，从放纵到放弃（我就曾经经历过那样的阶段），性就像是充满了跳跃的体操运动。而我们大多数人都觉得好像丢失了什么东西。

有些人认为，由于我们与进化阶梯上较低等的动物关系密切，所以我们不太适合一夫一妻制的幸福关系。这是因为在20世纪90年代，DNA指纹应用变得普及。生物学家们了解到，社会上的一夫一妻并不一定是性方面的夫妻。正如对"儿童抚养案件中用DNA测试确定缺席父亲"的研究表明，实际上存在很多失踪的父亲。但是，"情况已经到了这样的程度，在表面上一夫一妻制的物种中没有发现偶外配对。也就是说，一夫一妻制的物种真的是一夫一妻制的，这一点本身就值得报道……"戴维·P. 巴拉斯（David P. Barash）和朱迪思·伊芙·利普顿（Judith Eve Lipton）在《一夫一妻制的神话》(*The Myth of Monogamy*)中写道。[11]

想想这个罗密欧与朱丽叶般的故事吧。这是一个出现在1847年《科学美国人》上关于瞪羚的故事：

> 关于动物感情的一个奇特事例，最终以死亡为结局。上周在马耳他，巴伦·高茨（Baron Gauci）的乡下住宅里，一只雌瞪羚突然因其所吃的食物致死，雄性瞪羚站在它配偶的尸体上，猛撞每一个试图碰触尸体的人。然后，它突然弹跳而起以头撞墙，死在了同伴身边。

2011年，《科学美国人》在一个博客专栏中重新思考了1847年版的故事。尽管这个故事很可爱，但第二位作者写道，更有可能的是，雄性瞪羚与巴伦·高茨家的雌性瞪羚死于所摄入的同种毒素，或者为了躲避它所感知到的人类掠食者而错误地撞到了墙上。[12]冷酷的临床事实是，雄性瞪羚不太可能为了自己的一生所爱而牺牲自己。在交配季节，雄性瞪羚会标记它们的地盘并与任何进入其领地的成熟雌性交配，尽管它们确实会拒绝冒险进入敌对瞪羚的领地交配。

但是,无论有多少动物在一夫一妻制方面一败涂地(目前不包括黑美洲鹫、红冠啄木鸟和加利福尼亚老鼠),我认为我们大脑的巨大进化飞跃使我们与众不同。

我确实承认,有时人类表现得好像离进化阶梯的顶端很远,只需要看看我自己生活中的事件就可以了。我的行为甚至比瞪羚更不理智。在加勒比海的时候,我正处于拼命寻找某个人陪伴的阶段。我邀请了一对夫妇住在我格林纳达的房子里。结果,他们是一对失衡的典型。如果我拍了这对夫妇的照片,它们就可以贴在高脚杯 W、Y 和 Z 上了。他们总是在争吵和尖叫,单是叫喊声就表明他们想逃避这种不寻常的纠缠。最后,在一场最痛苦的争吵之后,他们的关系终于结束了。那个女人问我是否想和她做爱。我忽略了自己所有的天线,自我开脱地认为自己并不是要拆散一对幸福的夫妻,然后回答她说:"为什么不呢?"

我来告诉你为什么不行!开始时,我和这个女人的能量纠缠在一起,这正是教科书里的相消干涉。当这个女人的前夫离开了这个岛之后,我是唯一留下来与她争吵的人。

对她来说，没有比我更合适的了——我是个不受虐待也不对抗的家伙。我把她逼疯了，因为她不想要更好的关系，她想要一段牵涉很多争端的关系。

至于我，我很后悔。对冲突的恐惧限制了我的选择，我无法想象该如何摆脱她。我住在大洋中央的一个小岛上。她能去哪里呢？格林纳达小岛一直在越变越小，我成了自己房子里的囚犯。保罗·西蒙（Paul Simon）能写出《离开你爱人的五十种方法》，也许正是因为他住在纽约大都会，在那里你可以更容易解脱自己。在我的例子中，他那五十种方法是不够的。我想出了第五十一条出路，那就是给我们买两张到纽约的票——其中只有我的票是往返的。

这个故事的寓意是："要注意你的欲求是什么！"我无意识地选择了仅仅被荷尔蒙驱动，我本可以做出不同的选择。如果人类只是生物机器，欲望就会主宰你（就像我曾经那样）。当你更有意识时，你就成为了机器的驱动者。你不再是可预测的。就连占星家也意识到，当个人变得有意识时，占星学就不那么准确了，因为人们变得越来越难以预测。我们可以改变自己的振动和对他人振动的反应，而不是自动地对我们周围的能量场作出反应,包括潮汐和行星的拉力。

所以,是时候了,停止再说"我'总是'找到害怕承诺的男人",或者"我'总是'找到甩了我的女人"。我们用自己的信念创造生活,我们将这些信念传播到周围充满活力的环境中。我们正在创造自己的关系。有了这些知识,我们就有了创造自身想要的各种关系的自由!

如果是这样的话,你可能会想,为什么我对"掠食者邻居"的正面评价没有奏效。那时我第一次尝试用大脑作为音叉,我还有很多东西要学。建立想要的关系是复杂的。我还没有完全理解潜意识的力量会破坏哪怕最好的意图。

现在,我比当时更了解如何吸引我想要的事物进入我的生活,更加明白了不要低估不良共振,也终于在生活中创造了一段永远快乐的关系。因此,尽管有很多关于名人婚姻异常和失调的报道,尽管有很多人允许他们的荷尔蒙和基因驱动他们的行为,但还是有可能创造出更高层次的爱。当你意识到良好共鸣的力量,并将你的想法转换成 X 杯的场景,你将稳稳地走在创造永恒幸福生活的道路上。

附 注

1. 弗拉季连·莱托克富,"用激光检测单个原子和分子"(Detecting Individual Atoms and Molecules with Lasers),《科学美国人》,第259卷,第3期(1988年9月):44-49。

2. 马克·哈雷特,"经颅磁刺激与人脑",《自然》,第406卷,第6792期(2000年7月):147-50。

3. 艾伦·斯奈德等人,"普通人通过抑制左额颞叶展露的类学者技能",《综合神经科学》,第2卷,第2期,(2003年12月):149-58。

4. 霍夫曼等人,"精神分裂症中的经颅磁刺激和幻听",《柳叶刀》,第355卷,第9209期(2000年3月25日):1073-75。

5. 妇婴医院,"经颅磁刺激的抑郁症疗效在新研究中的证实",《科学日报》(2012年7月26日),www.sciencedaily.com/releases/2012/07/120726180305.htm.

6. L.M. 段,"遥远宝石间的量子关联",《科学》,第334卷,第6060期(2011年12月2日):1213-14。

7. 阿密特·哥斯瓦米，"'量子物理学、意识、创造力与疗愈'与阿密特·哥斯瓦米[三部分之第一部分]"，思维科学研究所，音频讲座（2006年），00:39:58，www.noetic.org/library/audio-lectures/quantum-physics-consciousnesscreativity-and/.

8. J·格林贝格·齐贝尔鲍姆等人，"大脑中的爱因斯坦-波尔多斯基-罗森悖论：被转移的潜能"，《物理学论文》，第7卷，第4期（1994年12月）：422-28。

9. 玛丽莲·施利茨等人，"举棋不定：怀疑者和支持者在超心理学内的合作"，《英国心理学》上，第97卷（2006年）：313-22。

10. 理查德·康恩·亨利，《心理宇宙》，《自然》，第436卷，第7047期（2005年7月7日）：29。

11. 戴维·P·巴拉施和朱迪思·伊芙·利普顿，《一夫一妻制的神话》（New York：W. H. Freeman，2001），10。

12. 玛丽·卡米力，"瞪羚的死是意外还是自杀？"《科学美国人》（2011年5月24日），http://blogs.scientificamerican.com/anecdotes-from-the-archive/2011/05/24 /was-this-gazelles-death-an-accident-or-a-suicide.

第三章

*

拿着这个罐子,记住我的话。
把它藏起来,这样就不会有眼睛看见它,也不会有嘴唇碰到它。
但是,在新婚之夜来临时,在新人被单独留下的那一刻,
请把这佳酿倒进杯子,献给国王马克和伊塞特王后。
哦,请当心,我的孩子。只有他们才能品尝这佳酿。
因为这就是它的力量:一同喝下它的新人,
将会不论生死,全心全意彼此相爱,直到永远。

——约瑟夫·贝迪尔《特里斯坦与伊塞特的浪漫》

-

爱情魔药

人们都熟悉爱尔兰公主伊塞特（也被称为伊索德）的爱情悲剧。康沃尔骑士特里斯坦，在不知不觉中替他的叔叔国王马克（King Mark）喝了酒。他一定知道，加了花草的"佳酿"效果很好。

法国中世纪的诗歌广受欢迎，特里斯坦和伊塞特被一杯春药所激发的不幸爱情故事，只是历史上著名的爱情魔药力量中的一个例子。中世纪神学家和神秘主义者阿尔伯特·马格努斯（Albertus Magnus）写了一篇文章，描述了一种可被烧成粉末并用红酒吞食的鹧鸪大脑；公元2世纪，皇帝马可·奥勒留（Marcus Aurelius）的御医盖伦（Galen）建议，在睡前喝一杯浓浓的蜂蜜，配上杏仁和一百粒松子；亨利六世（Henry VI）喜欢法国西南部的阿玛格纳克白兰地（Amagnac brandy）；埃及艳后（Cleopatra）极其信赖溶解在醋里的珍珠；16世纪，谢克·阿尔耐夫瓦兹（Sheik al-Nefwazi）写下阿拉伯人色情技巧手册《香味花园》（The Perfumed Garden）一书。他在书中吹捧了一个配方：把青豆和洋葱一起煮熟，并洒上肉桂、姜和豆蔻种子粉，充分捣烂。另一个阿拉伯配方具有来自印度的特性，荜澄茄（一种类似胡椒粒的浆果，产于爪哇岛）拌上良姜、麻雀草汁、小豆蔻、肉豆蔻、紫罗兰花、印度蓟、月桂种子、丁香和波斯胡椒，放入鸽子或家禽汤中服用，而后喝水。每日早晚各一次。最令人没胃口的是罗马诗人浦洛柏夏斯（Propertius）引用的配方，其中包括了蛇骨、蟾蜍和猫头鹰的羽毛。

从生物化学的角度来看，爱情也与魔药有关。但恕我直言，比起关于特里斯坦和伊塞特的传说，以及人类历史上精心制作的爱情魔药，我所谈论的药水更加复杂，它会在你坠入爱河时，精细校准你的神经和全身的激素水平。

没错！我想说的是，从某个层面上来看，蜜月效应是一种化学成瘾，所以，事情会在结束的时候变得如此痛苦。当你还沉浸于由生物化学诱导的爱之"高潮"时，要注意你欲望的对象是否会把它关掉。你可能会像我在前言中描述的那样，坐在一栋空房子里的椅子上，为你失去的爱而哭泣。

在这一章中，我将讨论的化学物质和荷尔蒙有助于解释人类爱情中颇具特征的焦虑、失去胃口和极度愉悦。这些化学药剂会刺激我们寻找性伴侣，绑定一个特殊的伴侣，与之保持长久的关系，养育动物王国中最无助的新生儿（至少在婴儿时期是这样）。当然，事情并不总是这样运作，因为这关乎人类的爱，而不是科学等式——正如莎士比亚笔下的仙女帕克（Fairy Puck）谈论恋爱中的人时说的那样："上帝，这些凡人是多么愚蠢！"

在我正式进入"爱的生物化学"这个主题之前，我想强调的是，尽管帕克对爱情中的愚人评价很低，但我们不需要成为神经化学物质与荷尔蒙的奴隶！我们是"自我生物学家"，用头脑中的想法来创造控制我们身体细胞和组织的爱情魔药。是的，这就是声名狼藉的身心连接工作。直到最近，它还一直在被传统科学否定、忽视或淡化。

简化身心连接

1967年,我开始第一次干细胞克隆实验。在显微镜下,我扫描了培养皿中类型混合的细胞,寻找独特的纺锤形干细胞。然后我在选定的细胞周围放了一个小玻璃环,这让我可以把它和培养皿里的其他细胞分开。最后,我用酶把细胞从培养皿中分解出来,这样我就可以把单独的干细胞移植到它自己的培养皿中。

细胞像鱼一样生活在水环境中,因此,组织培养皿就像微型水族馆。组织培养基是一种化学平衡溶液,用来支持细胞的生长与存活,它为细胞提供生长环境。我们的干细胞培养基中含有一种非常有效的盐和营养素的混合物,能让干细胞生长和复制。我在培养皿中加入的单个干细胞,在培养基中每隔10个小时就会分裂1次。首先是一个细胞,接着是2个,然后是 4 个。一周后，培养皿里会有超过 5 万个细胞。由于所有的细胞都来自同一个母细胞，所以所有的细胞在基因上都是相同的。

现在，实验从这里开始变得动人心弦了。我把这些细胞群体分别放进三种不同的培养皿里，如下图所示。每个培养皿都有一个截然不同的"环境"——由不同的生物化学物质组成的培养基。在一个培养皿中，细胞形成了肌肉；在第二个培养皿中，细胞形成了骨头；在第三个培养皿中，细胞形成了脂肪。[1a,b]

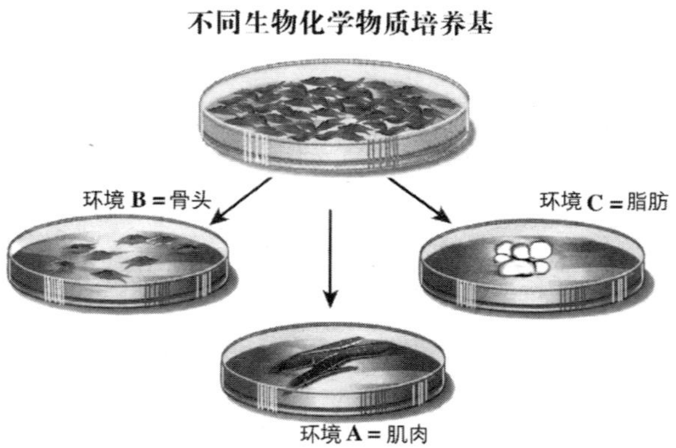

不同生物化学物质培养基

环境 B = 骨头

环境 C = 脂肪

环境 A = 肌肉

这个实验所回答的深刻问题是："控制细胞命运的是什么?"请记住,所有的细胞在一开始的基因都是相同的,所以基因不能控制细胞的不同命运!没错,是环境,是培养基控制了细胞的生长方向。细胞的命运与健康是对其环境的补充,我在《信仰生物学》中(向詹姆斯·卡维尔在比尔·克林顿的总统竞选活动中的建议点头致意)描述的一个原则是:"是环境,傻瓜。"

我的导师埃维·科尼斯伯格(Irv Konigsberg)是第一个掌握克隆干细胞技术的细胞生物学家,他在我职业生涯一开始的时候就向我指明了这个方向。在我第一次开始克隆细胞时他就告诉我,如果你正在研究的培养细胞生病了,你首先要看看细胞的环境,而不是细胞本身。因为,健康的环境才会产生健康的细胞;生病的环境则会导致生病的细胞。我所有的实验都证实了"是环境,傻瓜",这预示着现在正在蓬勃发展的表观遗传学领域("前述"—遗传学),一项又一项的研究都是在记录环境是如何控制基因活动的。最后,主流科学已经认识到,基因并不决定细胞的命运。

这些研究与你有什么关系?当你在镜子里看到自己时,你会看到一个人类有机体——你——在回看着你。然而，正如我在第一章提到的，这是一种误解。我们不是单一的有机体，我们是由50万亿个细胞组成的！根据严格的定义，人类是一个生物（我们的细胞）群落。更具体地说，人类是一种"覆盖着皮肤"的培养皿，含有50万亿个细胞。我们的血液是生长介质，是控制（被我们皮肤覆盖着的培养皿中）细胞生长状况的环境。

事实上，无论是塑料还是皮肤覆盖的培养皿，对细胞的命运都没有影响。无论它生活在哪里，它的命运都受到培养基的控制。作为细胞生物学家，我负责控制细胞在塑料培养皿中的化学成分。作为"自我生物学家"，正如下面的漫画中一样，你可以通过你的营养状况和大脑运作来控制自己的培养基，也就是血液。当你的心灵感知到爱的体验时，它会使大脑分泌诸如多巴胺、催产素和生长激素等神经化学物质进入血液（稍后会详细说明）。这些化学物质被添加到塑料培养皿的培养基中，细胞就会表现出强健的生长状态。同样的情况也发生在皮肤覆盖的培养基——身体上。是的，当你恋爱时，你通常更加健康、更有活力。

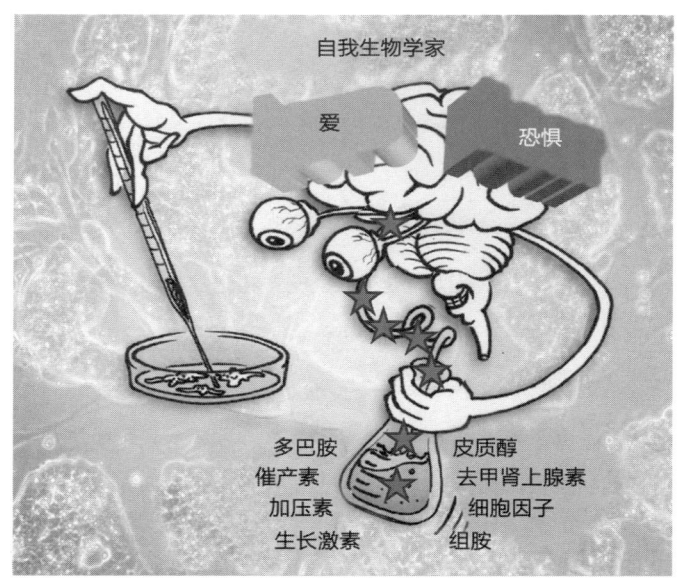

自我生物学家(鲍勃·穆勒绘制插图)

"自我生物学家":虽然世人对一些细胞生物学家引以为傲,但事实是我们都是"自我生物学家"。这幅漫画强调的是,大脑控制着身体的培养基,即血液的化学成分,从而滋养和调节体细胞的遗传和行为。大脑释放入血液的化学物质补充了我们头脑中所持有的观念和信念。当我们改变对世界的反应模式时,我们就改变了血液中的化学成分,进而控制了我们的基因和行为。这就是安慰剂效应的基础。

然而,如果同一身体的同一大脑感知到的是一个具有威胁的世界,它就不会促使大脑释放爱的生物化学物质。相反,恐惧会引发应激激素和炎症因子(例如细胞因子)进入血液。如果这些化学物质被添加到塑料培养皿的细胞培养液中,它们会导致细胞停止生长,并可能诱发细胞死亡。压力的化学反应阻碍细胞的生长和维系,因为它挪用了身体用来支持保护机制运作的能量。所以,压力是导致疾病的主要原因,并对90%的就医负责。[2]

值得注意的是,应激激素具有多重作用。基于个体正在经历的"压力"类型,它们的作用是可预测的。压力有两种类型,每一种都有不同的生化反应:不良应激和良性应激。当我们察觉到自己的生存受到威胁时,就会感到痛苦。当压力荷尔蒙(如皮质醇和肾上腺素)促使我们从成长转向保护,如果有严重的威胁(如美洲狮),或者威胁是慢性的时候(比如日常交通和你讨厌的工作），应激反应就能挽救我们的生命。

另一方面，良性应激的字面意思是"良好的压力"。当我们用一些不具有威胁性的行为"压迫"这个系统时，就会产生良性应激。比方说，身体活动，如运动；心理活动，如写这本书，还有热烈地坠入爱河。研究人员发现，压力荷尔蒙皮质醇不仅在我们逃离雪崩时释放，而且在我们幸福恋爱时也会释放。2004年，比萨大学研究人员发现，在研究对象中，最近坠入爱河之人的皮质醇水平"显著高于"那些没有恋爱的人。2009年，得克萨斯大学研究人员发现，女性在研究中被要求反思自己的恋人时，皮质醇水平会升高。对于大部分时间花在思考其关系的人来说，这种增长是"特别显著且相对持久的"。

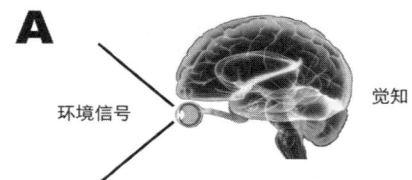

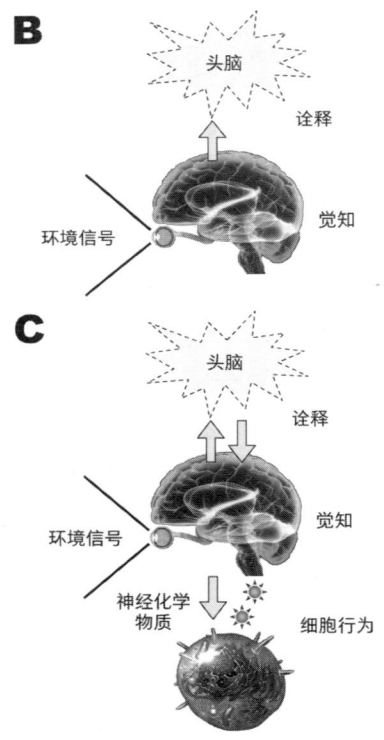

身心生物学的 ABC 图示：一切有机生命体都会读取并回应环境信息。

图 A：在感知进程中，我们的大脑读取环境信号（光线、声音、气味、温度、疼痛等），它们被神经系统中的受体识别。

图 B：基于我们的本能和人生经验，头脑评估接收到信号，并作出诠释，对其意义作出有价值的判断，因为它们与我们的生存相关。

图 C：头脑对收到的信号做出的诠释包括让大脑释放神经化学物质、激发身体产生积极的生长反应，或维持生命的保护性行为。或者忽略这些信号，因为它们与我们的生存无关。释放到血液的神经化学物质调整细胞的行为，并通过表观遗传学控制基因活动。

无论是恋爱还是逃离危险，头脑都会校准血液中的生物化学物质，而这反过来会控制你的生物性能和基因。头脑会诠释你对世界的感知，而大脑会持续产生生物化学物质以补足你的感知。这里有一个例子。我喜欢墨西哥胡椒，辛辣的食物以一种愉快的方式激活我的味蕾。但其他人看到我吃这么辣的食物，他们的反应是"你怎么能吃得下？"我们都有同样的感觉——食物是辣的——但是我们的头脑对那些相同感知的诠释不同。我的生物化学反应喜欢墨西哥胡椒,你的生物化学反应则可能讨厌它。

为了更好地理解爱的生物化学,不要像我们探讨量子物理学时所做的那样,把大脑想象成一个与宇宙庞大能量场共振的音叉。在这部分的内容里,平淡无奇地把大脑想象为一架良好的老式牛顿望远镜,实际上是一台喷漆机(大脑惊人地多才多艺——仅仅一幅图景是不足够的)。

当我说喷漆机的时候,我说的不是可以完美无瑕地喷涂整个房间(包括装点房间)的机器人——但愿我有这样一台神奇的机器!我说的是一种颜色混合机,它能确保你得到你想要的颜色。在这些机器中,一系列的着色剂被储存在钢瓶中。这些色彩被精确地喷射到一罐白漆当中,以产生所要求的确切形状。没有单一的红色、绿色或蓝色的油漆。相反,每一种颜色都有数百种不同的色度,就像客户用来选择墙壁颜色的彩片上的彩虹光谱一样。

在我们的类比中,大脑类似于油漆混合机。与混合不同颜色的染料不同,大脑是一种爱情魔药混合机,里面储存了一系列神经化学物质与荷尔蒙,研究人员将它们与爱的生物化学联系起来。在第一种激情的痛苦中,大脑可以通过将大量的睾丸激素注入混合物中来调出"激情红"。这一切都很顺利,所以大脑会分泌大量的多巴胺来刺激你对欲望的追求,调出"相思粉红"。当你确信你已经找到了"那个人",大脑会调出"我一生所爱的淡紫色"。这种混合物是一种很重要的助推剂,它会促进血管加压素和催产素的分泌,使你的血清素含量降低,这意味着你对自己的真爱越来越专注和着迷。当你们无视关系中离婚与痛苦的可能性,并从此幸福地生活在一起的时候,大脑就会喷射出大量化学物质——催产素,调出"仍然疯狂爱着的蓝色"。

你可以想象,我们的大脑处理很多成分,神经化学"染料",它们可以被混合成不同的比例,产生特定的"魔药",迫使我们先交配,然后与我们的配偶合作,从而给无助的人类婴儿一个更好的生存机会。对于这些强力爱情魔药的组成成分,科学家们还有很多东西要了解,但这里有一些已经被研究过的成分。

雌激素和雄激素：交配

当鸟类、蜜蜂"配对"时，它们并没有坠入爱河，只是在交配。以海星为例。雌海星将卵注入水中，雄海星将精子喷射到同样的水中。二者最终相遇，创造了下一代海星。几乎没有任何纠缠！

受欲望驱使的人类在交配时需要更多的纠缠，尽管那些长期的伴侣关系并不需要这种纠缠。当事情仅仅与欲望相关时，性激素扮演了重要角色：性激素睾丸素（雄激素）臭名昭著，因为它让燃烧着的雄性们对性比对建立关系更感兴趣，而雌激素则以让女性具备生育能力而著名。[5]

虽然睾丸素主要与男性有关，雌激素主要与女性有关，但这些激素在两性中都扮演着生殖的角色。男性产生的睾丸素水平平均是女性的 10 倍，而睾丸素水平高的男性并不是理想的伴侣。他们比处于平均水平的男性更容易离婚、更频繁地虐待配偶,也更容易有外遇。但是,睾丸素会刺激两性的性欲。

雌激素的分泌在雌性繁殖的时候会飙升,而雄性的平均雌激素水平只是雌性的一小部分。但研究人员已经了解到,雌激素在男性的性行为中起到一定的作用,同时也促进了精子的成熟。

关于雌激素和雄激素在雄性和雌性中的复杂作用,我最喜欢的例子是鸟类王国的斑胸草雀。在胚胎发育的某个阶段,雄性斑胸草雀产生雌激素,它被转化为大脑中的类睾丸素,从而使雄性鸟儿能够唱歌。雄性斑胸草雀在青春期开始鸣唱。研究人员推测,就像人类的女性一样,当她们的老派求婚者在阳台外唱歌时她们会感到欣喜,雌性斑胸草雀也会被求婚者的鸣唱所吸引。[9]

毫无疑问,雌激素和雄激素在雄性和雌性的生殖系统中扮演的角色比我们所认为的复杂得多。但同样毫无疑问的是,二者都促使我们首先确保自身物种的生存。

多巴胺：愉悦和渴望

睾丸素和雌激素可能会让我们进入性的场景。但是，如果它不快乐的话，人类不可能有足够的频率和热情去繁殖我们的物种。（让我们）来说说神经递质多巴胺（这个话题）吧。多巴胺是一种重要的化学物质，它能刺激人们重复愉快的经历。当多巴胺水平上升时，你会兴奋起来。你不会独自躲在家中的毯子里，而是被驱动出去体验快乐。[10]

毫不奇怪，因为多巴胺在繁殖过程中起着重要作用，所以它是一种古老的进化分子。事实上，多巴胺在进化简单的生物（如微小的蛔虫）中扮演的角色，与它在人类中的作用几乎相同。所以，得克萨斯大学研究人员能用基因改造后缺乏多巴胺的蠕虫来识别可能有助于治疗帕金森氏症的药物。这种疾病的特征正是大脑中缺失了产生多巴胺的细胞。[11]

多巴胺是在大脑的腹侧盖区深处合成的,并在前脑的伏隔核中释放。这些是我们大脑愉悦与奖赏回路中的关键区域。而且,正如任何与上瘾作斗争的人都能告诉你的那样,这个回路有一个黑暗面,被人类所熟知的各种令人愉快的、潜在的成瘾物质或活动所激活。这些物质包括可卡因、海洛因、性、赌博、购物和高热量食物——过多的刺激会让瘾君子产生不顾一切的渴望,产生危险的强迫行为。[12]

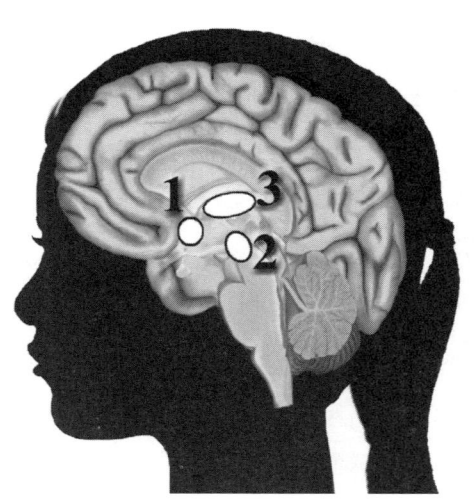

在我们大脑的中心深处,特定的控制中心参与生长和保护行为,响应愉悦和疼痛的刺激。主要中心包括 1.伏隔核;2.腹侧盖;3.腹侧苍白球。

从 20 世纪 50 年代开始,多巴胺那海妖般的吸引力一次又一次地在动物身上得到了验证。在大脑合成多巴胺的区域植入了电极的老鼠,会不停地按下一根刺激其愉悦与奖赏回路的杠杆——频率高达每小时 7000 次。老鼠选择了刺激快感与奖赏回路,胜过食物和水。雌性老鼠则抛弃了它们的新生幼仔,而更倾向于按下杠杆。这反映出那些对自己的孩子视而不见,却偏爱毒品的瘾君子妈妈们。对人类进行的少数研究也发现了同样的现象——当有机会的时候,人类会盲目地选择重复刺激大脑中的多巴胺分泌区域,而忽略了人际关系和个人卫生,转而青睐多巴胺。[13]

这与蜜月效应有什么关系呢?最新的许多研究发现,当疯狂坠入爱河的时候,被激活的正是大脑的奖赏回路。正是这个相同的区域,让老鼠和实验室里的少数人如此上瘾,以至于他们忽略了其他所有的事情,只喜欢产生多巴胺的大脑区域所提供的愉悦刺激。

2000年,来自伦敦大学学院的安德烈亚斯·巴特尔斯(Andreas Bartels)和森马·泽克(Semir Zeki)招募了17名疯狂陷入爱河的学生,分别扫描他们看着自己爱人的照片时的大脑和看着朋友的照片时的大脑。当这些学生看到爱人的照片时,他们大脑的愉悦奖赏回路,即多巴胺密集部位会亮起;当看到朋友的照片时,这片部位则保持黑暗。巴特尔斯和泽克得出结论:"这可能很令人惊讶,如此复杂和无法抗拒的感情(爱)会有差异性地与大脑局部区域的活动相关。而且令人印象深刻的是,一张倾国倾城的脸居然是通过如此有限的大脑皮层而完成其壮举的。"[14]

科学家们可能会对此感到惊讶,坠入疯狂的爱与吸食可卡因刺激的是同一个大脑回路。然而,任何一个曾经坐在电话机旁等待电话的人、辞去工作追随爱人的人,或者被抛弃后呆坐在椅子上不想动弹的人,都不会感到惊讶。对于神魂颠倒的情侣们而言,爱的感觉就像一辆过山车——在爱("在我身上发生的前所未有的好事")与不耐烦,以及痴痴等待下一个合适的人（"有史以来在我身上发生的最糟糕的事"）之间，可能只有一条细线。

鉴于离婚和分手是如此常见，研究人员认为，大多数夫妻激烈的过山车只会持续一年或两年。这一点都不令人惊讶，但并不意味着蜜月效应不能持续。研究人员扫描了17个男女的大脑，他们在结婚平均21年后仍强烈地爱着自己的配偶。研究人员发现，他们大脑中与奖赏和动机相关的多巴胺丰富区域和处于新的激情阵痛中的男女一样。研究人员写道："这些数据表明，与长期伴侣相关的奖赏价值可能会经久不衰，类似于新恋情。"

但是这项研究也发现，处于长期热烈恋爱关系中比在新恋情中涉及"更多的大脑区域"，包括与依恋有关的领域，以及那些能调节焦虑和痛苦的区域。这表明，长期的浪漫爱情提供了一个好处，"目前的发现与对行为观察的结果是一致的。二者都表明：浪漫的爱情在其早期和后期阶段有一个关键性区别，后者与更大的平静相关。"研究人员得出上述结论。[15]与平静相关的愉悦多巴胺来自长期、稳固的关系。在我看来，这像是永远的幸福！

血管加压素：结合与侵略

在大多数物种中，雌性和雄性没有形成生物学家所称的"成对夫妇"，更不用说像特洛伊战争中有足够发动千艘战船的力量的那种关系了。例如，在 97% 的哺乳动物中，一只雄性在发情期与雌性发生性行为，然后去寻找另一只雌性来繁殖更多的后代；雌性则独自抚养它们的后代。

为了找出是什么让 3% 的动物成为例外（即一夫一妻制），研究人员广泛研究了北美草原田鼠。这是一种来自（美国）中西部地区，大小如仓鼠的啮齿动物。和它们那些淫乱又不太合群的堂兄弟草甸田鼠不一样，北美草原田鼠与其配偶形成终身关系，共同抚养后代，并积极保护自己的巢。当机会出现时，雄性和雌性草原田鼠都会有出轨性行为，但大多数都会回到与之终生结合的伴侣身边。事实上，野外研究发现，在长期配对关系方面，草原田鼠夫妇打败了人类。¾ 的草原田鼠夫妇不会分离，直至一方死亡。甚至到那时仍不接受新的配偶。[16]

科学家们把注意力集中在两个密切相关的神经肽上——血管加压素和后叶催产素。二者在下丘脑合成，并在垂体的帮助下释放，这有助于解释草原田鼠的结合为何如此紧密。研究人员在雌性和雄性草原田鼠的愉悦与奖赏区域发现了这两种分子的受体，该区域与扫描恋爱中人脑时亮起的区域相同。虽然加压素和催产素可能在雄性和雌性的结合中都发挥作用，但研究主要集中在雄性草原田鼠的加压素和雌性草原田鼠的催产素上。[17]

男性比女性产生更多的血管加压素，所以研究人员将对加压素的研究集中在雄性草原田鼠上。在动物体内，血管加压素会引起雄性特有的行为。例如，用气味标记领地和攻击性。以仓鼠为例，它们在被注射加压素的一分钟内就开始用气味标记自己的领地。当草原田鼠射精时，它的血管加压素水平急剧上升。同时，它变成了一个贴心的伙伴和家长。当给雄性草原田鼠的处鼠注射加压素时，它们开始捍卫自己的领土，并立刻变得对其配偶具有占有欲，这进一步确认了绑定关系与加压素之间的联系。这些研究表明，血管加压素不仅会绑定关系，也会产生侵略性。[18]

你可能认为，忠贞的雄性草原田鼠和淫乱的雄性草甸田鼠之间的行为差异，可以通过它们血管加压素的不同水平来解释（而且越多越好），但事实并非如此。两种田鼠之间的关键区别在于其加压素受体的位置。与草甸田鼠不同的是，一夫一妻制的草原田鼠的加压素受体集中在大脑的主要愉悦与奖赏区域之一，即腹侧苍白球，它位于富含多巴胺的伏隔核旁。这些区域都与上瘾相关。[19] 在灵长类动物的研究中也发现了同样的现象。一夫一妻制绒猴的大脑奖赏中心的血管加压素水平就比非一夫一妻制的恒河猴要高。[20]

利用这一发现，埃默里大学研究人员通过在田鼠的奖赏中心增添加压素受体而创造了变异草甸田鼠，将淫乱的草甸田鼠转变成了体贴配偶和后代的父亲。[21] 研究人员还通过阻断田鼠大脑侧隔区的加压素受体，将实验室里的草原田鼠变成了不负责任的"流氓"。

也许，令那些伴侣喜欢拈花惹草的女性沮丧的是，人类的行为太复杂了，没法实施同样的基因改造工程。因为研究人类是如此困难,所以,现在说人类中男性与草原田鼠雄性相似还为时过早。但是,无论是人类还是草原田鼠,发生性行为时加压素都会释放出来。这就提供了更多的证据,从而证明人类大脑的奖赏中心涉及人类的结合与爱,如同在草原田鼠中一样。科学家们越来越相信,我们可以从一夫一妻制的草原田鼠身上学到很多东西。至少在男性身上,加压素是促进人类结合的爱情魔药中的一个关键成分。

后叶催产素：爱之契

如果生物化学很简单（实际上并非如此），那么所有你需要的只不过是催产素。催产素的别名是情毒、"抱抱"化学物质和信任荷尔蒙。由此看来，它由于促进"（人与人之间的）结合"而名扬四海。

催产素曾经被认为是分娩时刺激子宫收缩、哺乳时促进产奶，并激发哺乳动物强烈母爱的分子。当催产素被注射到未成年大鼠的大脑中时，很快就会引发它们的母性行为——鼠妈妈会跨越电网去哺育幼崽。当催产素被阻断时，母鼠则会拒绝它们的幼崽。

但是，研究人员在研究雌性草原田鼠时发现，催产素促进其与雄性伴侣的结合，就像加压素促进雄性田鼠与雌性伴侣结合一样。因为在交配过程中，它们的大脑奖赏中心充满了催产素受体。催产素水平上升,于是一夫一妻制的雌性草原田鼠学会将快感与其伴侣联系起来(就像人类一样)。当催产素被阻断时,著名的一夫一妻制的雌性草原田鼠就不与他们的配偶绑定了。[23]

虽然动物研究为理解催产素在夫妻结合中的重要性奠定了基础,但是,正是对人类配偶的研究,将这一分子变成了科学界之外的超级明星。

在一项研究中,瑞士研究人员给47对夫妇提供了含有催产素或安慰剂的鼻腔喷雾剂。随后,夫妇们参加了一场"冲突"讨论,其过程被录像。那些接受了催产素的人表现出更积极与较少的消极行为,以及低水平的压力荷尔蒙皮质醇。[24] 其他研究显示,催产素可以促进信任。在一个实验中,给研究对象一笔钱,安排他们与受托人进行投资商谈。一半的参与者在实验前使用了催产素鼻腔喷雾剂,另一半则使用的是安慰剂喷雾剂。接受催产素的受试者把他们所有的钱交给受托人的概率是另一组的两倍。[25] 美国国家心理健康研究所的一项研究发现,在看恐怖的脸照片前吸入催产素的受试者,其大脑恐惧中心的活动明显降低。[26]

毫无疑问，由于它的声誉，催产素鼻喷雾剂和舌下滴剂的销售商在互联网上激增（一种被称为"信任之液"的产品）。这些催产素产品的市场是一大群潜在的消费者，包括寻找伴侣的单身人士，长期不和、希望能挽救关系的夫妻，以及希望立刻被人们信任的销售人员。但是，聪明的夫妻会用高水平的信任和舒适的联系来培养亲密关系。他们知道，就像草原田鼠通过亲吻、抚摸、拥抱和做爱一样，他们可以在自己身上更愉快地增加催产素，而不用花1毛钱。

血清素（5-羟色胺）：痴迷

1999年，比萨大学心理学家唐娜泰拉·玛拉梓提（Donatella Marazziti）和她的同事们（正是这组研究人员发现，热恋中的人皮质醇水平会升高）决定测试这个观点：浪漫爱情的早期阶段类似于强迫症（OCD）。这是一个有根据的猜测。想想看，恋爱中的人报告说他们思念爱人的时间很长（"一直"并非一个不常见的评估），还有那么多哀伤的情歌在唱"无法让他/她离开我的脑海"这样的主题。

玛拉梓提和她的同事招募了20名受试者。他们在过去的6个月里坠入爱河，每天至少花4个小时思念爱人。试验组还招募了20名使用药物的强迫症患者，以及20名对照受试者。这些对照受试者既没有恋爱，也没有强迫症。当研究人员测试受试者的血液时发现，患有强迫症的人和恋爱中的人，他们的5-

羟色胺水平同样低。5- 羟色胺是一种能在脑细胞之间传输血清素的蛋白质。

但研究人员也发现,恋爱中的人和强迫症患者之间的相似性是短暂的。研究人员测试受试者恋爱初始后 12~18 个月内的血液,他们的 5- 羟色胺水平已经恢复到与对照组一样的正常水平。比萨的研究人员得出结论:"实验结果表明,恋爱确实诱发了非正常状态。正如不同国家、各个时代的俗语所说的那样,'疯狂'地坠入爱河或'相思病'。"[27]

除了相思病和强迫症,大脑中的低血清素与抑郁症、季节性情绪紊乱、冲动型暴力和暴怒等各种疾病都有关联。事实上,低血清素水平和多巴胺水平的上升,以及压力荷尔蒙皮质醇,都可能有助于解释一些情侣在被甩之后的愤怒。

在人类学家海伦·费舍尔(Helen Fisher)的著作《我们为什么爱》(*Why We Love*)中,她详细解释了犯罪心理学家 J. 里德·梅洛伊(J. Reid Meloy)所说的"抛弃愤怒"的神经学基础:"……愤怒的基本大脑网络与前额皮质中心紧密相连,后者负责处理奖赏评估和奖励期待。当人们和其他动物开始意识到预期的奖励处于危险之中,甚至是无法实现的时候,这些位于前额皮质的中心就会发出杏仁核信号,引发愤怒……例如,当猫的大脑奖赏回路被人为刺激时,它们就会感受到强烈的愉悦。然而,如果这种刺激消失了,它们就会咬人。每当这种快乐被收回,猫就会变得更加愤怒。"

同样地,与女人或男人的怒火相比,地狱的烈火都是微不足道的。费舍尔(Fisher)讲述了她的研究对象芭芭拉(Barbara)的故事。芭芭拉的大脑首先在一项关于人们疯狂恋爱的研究中被扫描了。那时,她容光焕发,健康、乐观,深爱她的伴侣迈克尔。五个月后,迈克尔拒绝了她,她的大脑再次被扫描。她苍白的脸上布满泪水,体重减轻。她悲伤地描述了她的痛苦:"我的胸中有一大团不快乐的阴云。"在芭芭拉看到迈克尔的脑部扫描照片后,她的不快变成了愤怒。她愤怒地抨击费舍尔:"你为什么要研究这个?"[28]

在最极端的情况下,一些被拒绝的情侣会采取跟踪和暴力手段——甚至谋杀。然而,大多数人在痛苦中挣扎一段时间后开始慢慢恢复,特别是当他们相对较快地遇到另一个伴侣的时候。

你可能会认为,有一种减轻被遗弃的愤怒的方法是自我治疗——比如说，提高你的血清素水平。但是，就像爱情药剂的成分一样，事情并不是那么简单，而且不一定会更好。这些化学物质能否协同工作，并能以不同的方式运作，这取决于大脑的哪个部位和身体的哪个部位参与其运作。此外，如果只选择提升其中一个，可能会适得其反。例如，有足够的证据证明，广泛使用抗抑郁药有很多副作用（包括性欲低下）。例如百忧解或帕罗西汀，它们以"选择性5-羟色胺再吸收抑制剂"而著称，旨在提高血清素水平。

据最近的研究显示，即使有自闭症治疗潜力（具有促进人与人之间联系的无懈可击证据）的"抱抱"化学物质催产素，也有其阴暗的一面。比利时研究人员发现，催产素并不能无条件地促进信任——如果人们在玩社交游戏前遇到过自己的搭档，催产素会促使他们在游戏中更愿意合作。但如果他们是和对其一无所知的匿名搭档游戏，他们就不那么合作了。[29] 荷兰研究人员也发现，受催产素的影响，他们的研究对象变得更加种族主义。当被要求解决一个道德难题时，例如要选择牺牲一个人的生命来拯救另外五个人的生命，吸入了催产素的荷兰人比对照组更愿意拯救自己的同胞，而不是阿拉伯人和德国人。

[30]"现在看来,很显然,没有免费的激素午餐。"即使催产素正是在我们的时代为啮齿动物带来和平的东西,却仍不存在单一的激素开关可以让我们变成更好的人类。"斯坦福大学神经科学教授罗伯特·M. 萨波尔斯基(Robert M. Sapolsky)在《洛杉矶时报》(*Los Angeles Times*)一个关于"和平、爱与催产素"的社论专栏中写道:[31]

更好的策略不是试图找到一种神奇的药剂来提升你的生活,而是专注于你的大脑。因为你的生物化学与你的感知相匹配。在我从爱情魔药转到下一章(处理头脑)之前,这是一个指出以下观点的好时机。驱动爱的化学物质的级联释放,不仅可以经由坠入爱河而发生,也可以经由陷入一个工程项目或观点而发生。艺术家们在狂乱中作画、企业家创业、细胞生物学家撰写关于蜜月效应的书、青少年恋爱——只要有激情,就会有强烈的化学反应激励我们去追求渴望的目标。

附 注

1. （a）哈里·E. 韦德克，《春药辞典》（New York：M.Evans & Company, Inc.,1992）。布鲁斯·利普顿，"肌源性培养中正常细胞和被调控细胞的精细结构分析"，《发育生物学》第60卷（1977）：26—47。（b）"肌源性培养中正常和溴脱氧尿苷酸处理细胞的胶原蛋白合成，"《发育生物学》第61卷（1977）：153-65。

2. 莱尔·H. 米尔勒和阿尔玛·戴尔·史密斯，《压力解决方案》（New York: Pocket Books, 1995），12。

3. D. 马拉兹提和D. 卡纳尔，"恋爱中的荷尔蒙变化"，《神经心理内分泌学》，第29卷，第7期（2004年8月）：931-36。

4. T.J. 拉菲、E.E. 克罗科特和A.A. 帕克森，"激情之爱与关系的思想家：女性急性皮质醇升高的实验证据"，《神经心理内分泌学》，第34卷，第6期（2009年7月）：939-46。

5. 特丽萨·L. 克伦肖医学博士，《爱与欲望的炼金术：性荷尔蒙如何影响我们的关系》（New York: Pocket Books, 1996），5-6。

6. 同上，148。

7. 同上，124。

8. 莉莎·奥唐奈等人，"雌激素和精子生成，"《内分泌学评论》，第22卷，第3期（2001年6月1日）：289-318。

9. 卡尔·克莱顿·霍洛威和戴维.F.克莱顿，"雄性大脑中的雌激素合成触发鸟鸣控制通路发展的体外实验，"《自然神经科学》，第4卷，第2期（2001年2月）：170-175。

10. 戴维·J.林登：《愉悦指南针：我们的大脑如何让脂肪性食物、性高潮、运动、大麻、慷慨、伏特加、学习和赌博感觉如此良好》（New York: Viking, 2011），18。

11. 安德鲁·威代尔·加迪亚等人，"秀丽隐杆线虫通过多巴胺和5-羟色胺选择不同的爬行和游泳步态，"《美国国家科学院》，第108卷，第42期（2011年10月18日），17504-09。

12. 林登，《愉悦指南针》，3-5。

13. 同上，7-15。

14. 安德里亚斯·巴特尔斯和森马·泽克，"浪漫爱情的神经基础"，《神经学报告》，第11卷，第17期（2000年11月27日）：3829-34。

15. 比卡·P.阿塞维多等人，"长期、强烈浪漫爱情的神经关联"，《社会认知和情感神经科学》，第7卷，第2期（2012年2月2日）：145-59。

16. 洛厄尔·L.盖茨和C.修.卡特,"草原田鼠伴侣关系,"《美国科学家》,第84卷,第1期(至1996年1-2月):56-62。

17. 拉瑞·J.杨,安妮.Z.墨菲.杨,伊丽莎白.A.D.汉莫克,"配对关系的解剖学和神经化学",《比较神经病学》,第493卷,第1期(2005年12月5日):51-57。

18. 约翰·M.斯特雷利和C.修.卡特,"逐渐增多的血管加压素促进成年草原田鼠的攻击性,"《美国国家科学院》,第96卷,第22期(1999年10月26日):12601-04。

19. 托马斯·R.因塞尔、王左新和克雷格.F.费里斯"微鼠啮齿动物脑血管加压素受体分布与社会组织的关系,"《神经科学》,第14卷,第9期(1994年9月1日):5381-92。

20. L.J.杨、D.托罗兹克和T.R.因赛尔,"血管加压素(V1a)受体结合点和mRNA在猕猴脑中的定位,"《神经内分泌》,第11卷(1999):291-97。

21. 米兰达·M.里穆等人,"通过操纵单个基因的表达,在滥交物种中增强伴侣偏好,"《自然》,第429卷(2004年6月17日):754-57。

22. 柳岩、J.汤姆斯·柯蒂斯和王左新,"侧隔中的血管加压素调节雄性草原田鼠的配对形成,"《行为神经科学》,第115卷,第4期(2001):910-19。

23. 托马斯·因赛尔和特伦斯·J.胡里罕,"成对结合的性别特异性机制:一夫一妻制田鼠催产素与配偶偏好的形成,"《行为神经科学》,第109

卷，第 4 期（1995 年 8 月）：782-89。

24. 贝蒂·迪恩茨等人，"鼻内催产素增加夫妻之间的积极沟通，降低皮质醇水平"，《生物精神病学》，第 65 卷，第 9 期（2009 年 5 月 1 日）：910-19。

25. 迈克尔·科斯菲尔德等人，"催产素增加人类的信任，"《自然》，第 435 卷（2005 年 6 月 2 日）：673-76。

26. 彼得·克里斯等人，"催产素调节人类对社会认知和恐惧的神经回路，"《神经科学》，第 25 卷，第 49 期（2005 年 12 月 7 日）：11489-93。

27. D. 马拉兹蒂等人，"浪漫爱情中血小板 5- 羟色胺转运体的改变"，《心理医学》，第 29 卷（1999）：741-45。

28. 海伦·费舍，《我们为什么爱：浪漫爱情的本质和化学》(New York: St. Martin's, 2004)，155-57。

29. 卡洛琳·H. 德克莱尔、克里斯多夫·布恩和托科·奇荣纳里，"催产素与不确定条件下的合作：激励与社会信息的调节作用"，《荷尔蒙与行为》，第 57 卷，第 3 期（2010 年 3 月）：368-374。

30. 卡斯滕·K.W. 德德鲁等人，"催产素促进人类种族中心主义"，《美国国家科学院》，第 108 卷，第 4 期（2011 年 1 月 25 日）：1262-66。

31. 罗伯特·M. 萨波尔斯基，"和平，爱与催产素"，《洛杉矶时报》，2011 年 12 月 4 日。

第四章

*

初恋的魅力在于,我们不知道它会结束。

——本杰明·迪斯雷利(Benjamin Disraeli)

四个头脑想法不同

你的感觉良好。爱情魔药流经身体，你感到很快乐。你哼唱着曾经听过的所有疯狂的爱情歌曲，这一次你可以完全理解它们了。你用自己生命中的爱创造了蜜月效应，你知道这一次会永远持续下去。

然而，并没有。

一切都崩溃了。你被彻底摧毁，纠结原本应该发生的事情。而且还在困惑，如此神奇的事情怎么会变成无休止的争吵和互相指责？而如果你结婚了，你又会困惑：为什么如此神奇的事情变成了上离婚法庭？

毕竟，你想让积极思考奏效，你相信它会起作用。你在想，也许《信仰生物学》对其他人有用，但不适合你。没错，它确实有用！但是有一个问题，它解释了积极思考和相信本身不能起作用的原因。

这个问题是，当你和伴侣在起初快乐的日子里紧密联系在一起时，你的行为举止都是由你的显意识处理的。显意识是"创造性"头脑，其决定的行动代表你的愿望和渴望。所以当两个相爱之人的显意识纠缠时，他们一起创造着神奇的和谐。因为蜜月伴侣们正在依据他们最深层的愿望和渴望运作。他们的互动结果是……瞧,人间天堂!

然而,随着时间的推移,你的显意识逐渐被日常生活的繁忙所累——平衡预算、安排家务、计划周末。显意识进程从创造蜜月体验转移至它所感知到的管理和计划生活必需品。其结果是,显意识大脑放弃控制行为,转而运用先前储存在潜意识中的默认程序。

当涉及伴侣的时候,就突然有了四个头脑,而不是两个。而这两个"额外"的潜意识可能对永远幸福的关系造成严重破坏。在显意识停止关注的时刻,我们失去了对所创造的蜜月效应的掌控。因为我们不知不觉表现出由经验发展而来的被编程行为。对许多夫妇来说,一旦潜意识编程浮出水面,蜜月的光芒就会迅速褪去。

这并不奇怪,因为编程在潜意识中的行为主要来自观察和"下载"其他人的行为(其中许多是负面和消极的)——尤其是你的父母、直系亲属、社会和文化。你开始看到你的伴侣(和你自己)在蜜月期间从未出现过的一面。一旦显意识停止关注当前这一刻,你就会自动地,而且最重要的是,无意识地表现出你所记得的别人的行为。

这里有一个对你来说可能非常熟悉的场景。

你沉浸在蜜月效应中，对于支持你、照亮你生活的伴侣充满爱。然后有一天，你问了他一个简单而可爱的问题。他当时并没有考虑到你们的关系有多好，他的显意识被修理汽车或支付房租一类的事情占据着。于是，他反射性地用粗暴的语气说："走开。"你被震惊了，回应道："你是谁？"

你刚刚经历的，正是蜜月开始土崩瓦解的时刻。他的反应是如此的无知无觉，以至于甚至他自己都没有注意到他有多讨厌。而且，在他感觉自己受到人格"攻击"的反应中，他开始固执己见，至死保护自己。他在想，她对我的指责简直就是无中生有。我一直和以前一样。我不知道她在说什么。她怎么了？

与此同时你在想，跟我结婚的那个可爱的人在哪里？你的显意识脱离当下，去评估自己现在不愉快的处境。哦，你不知道，你也不知不觉地启动了自己以前隐藏的潜意识行为，这些是你从家庭和文化中获得的。现在轮到你的另一半感到震惊了，因为他曾经可爱的爱人变得苛刻与刻薄，还包括你从父母那里"下载"的一些其他不太可爱的程序。

随着日常生活事务日益占据你和伴侣的显意识，更不和谐的无意识行为模式开始浮出水面。很快你们就从欣赏伴侣转向关注对方那令人讨厌的周期性爆发。你和你的伴侣都会变得怀有戒心，并开始批评对方的缺点：他从不打扫卫生，她从来不把牙膏盖拧上，等等。最初在爱的光芒中忽略的一切，现在开始折磨你了。

如果你们是通过网上约会服务认识的，那俩人都会想退钱！他/她没有如实填写调查问卷！但事实上你们都是带着善意填写的。你们俩都是有意识地填写的——这就是摩擦之所在。你的显意识深思熟虑的陈述，真实地代表了你渴望成为的人。不幸的是，回答问卷的那个"你"通常只出现大约5%的时间。伴侣双方未能包含在他们的调查问卷里的部分，是他们从别人那里得到的具有破坏性和限制性的潜意识程序。在大约95%的时间里，我们都无意识地表现出这些程序化的行为。

随着那95%不请自来的行为出现，你和你的伴侣已经完全离开了蜜月，回到传统生活的道路上。如果在你们关系的第一天，任何这些前所未见的、破坏性的、令人不安的行为都浮出水面的话，可能就不会有第二天了。现在，你在想自己是不是应该降低期望值,接受你们如今的关系,因为"生活就是这样,我必须连同好坏一起接受。"或者,是否你为适应对方的辱骂而做出的诸多妥协都变得如此无法忍受,以至于曾经看似牢不可破的关系破裂了?你说:"见鬼去吧。我不能这样。"然后你(再一次)出去,试图寻找你曾经拥有的东西。

这种循环往复的怪圈,其罪魁祸首是看不见的,它是编程在你和伴侣潜意识中的行为。你的显意识让你去寻找一个可爱的伴侣,当你找到那个人时会很高兴。然而,你的潜意识正在摧毁你所创造的东西。但是,一旦你知道在亲密关系中你处理着四个头脑,一旦你知道如何改变自己潜意识中的消极编程,你就拥有了再次创造你丢失之物的工具。

崇高的、具有创造性的显意识

为了更好地理解事情是如何发生的,让我们进一步探讨大脑和意识的关系。人脑是一种类似收音机的物理设备,显意识和潜意识都类似于在收音机里听到的节目。显意识的活动主要与前额叶皮质的神经处理活动有关,而前额叶皮质是人类大脑进化的最后过程。

显意识是你的个人身份感所在地。它把你定义为一个独特的个体,一个独一无二的心灵。显意识管理你的个人愿望、渴望和抱负。当我问你,在自己的生命中你想要什么样的关系时,你那可爱的、崇高的回答来自于显意识——我想要一种基于爱、平等、尊重,以及性化学的关系。这是一种"积极的思维",乐观地把便利贴贴在冰箱上,上面写着:"我值得拥有一段爱的关系"或者"我要吃健康的食物"。

这也是可以展望过去和未来的创造性意识,它不受时间限制。你的显意识可以回答你下周三将要做的或上周三已经做过的事情。这个意识可以"脱离"当前时刻,整天做白日梦——你可能会中彩票、你可能会遇到白马王子。

但是,请等一下。如果你的显意识不集中注意力并"管理"当下的时刻,如果它正忙于进行伟大的思考或做白日梦,那么谁来管理你的"表现"呢?神经科学研究人员告诉我们,由于显意识具有在念头之间飞速转移的能力,人类使用自己的创造性意识控制调节行为的认知活动(正如我在前面提到过,行为是重复的)的平均时间大约只占总时间的5%。那么,剩余95%的认知活动就由先前被下载到潜意识里的程序控制。[1]

习惯性的、播放记录的潜意识

潜意识心灵是被诅咒的便利贴,迫使我们冲向冰箱里的脆奶油甜甜圈,或者在聚会上因为再一次看到大混蛋而吓倒。潜意识与大脑中更大一部分(约90%)的神经活动有关,而非显意识的前额叶皮质。潜意识对我们行为的影响比显意识更强大。显意识的前额叶皮质能够处理和管理大约每秒钟40个神经冲动。相比之下,构成潜意识平台的90%的大脑每秒可以处理4000万个神经冲动。这使得潜意识处理器比显意识处理器强大100万倍。[2]

你可能会在这一点上对强大的潜意识产生一种明显的消极态度,因为它一次次破坏你生命中创造蜜月效应和远离甜甜圈的最大努力(玛格丽特称这些为"死亡循环")。但是,潜意识在人类的发展和日常生活中扮演着最重要和最有价值的角色。在任何情况下,对抗或责怪潜意识都是在浪费时间,就像我狼吞虎咽吃甜甜圈的时候试图做的那样。那时候我的显意识会责备我:你这个笨蛋。你刚刚发誓要避开它们,为什么又要吃呢?

我可以大声喊出我想要的一切,同时谴责我想要的一切。但我只是在浪费时间,因为潜意识里没有人回应我的咆哮!妖魔化潜意识就像对着电视机尖叫一样。电视是善还是恶?都不是。你在看什么节目?不要责怪电视机,不要责怪节目!你的潜意识是善还是恶?都不是。和显意识不一样,潜意识主要是一种惊人的记录与回放机制,它几乎不表现出创造力,也没有时间感。它总是在当下,看不到未来。当你对它大喊大叫的时候,它肯定不会听,也不会在意!

与其将潜意识妖魔化或与潜意识那些恼人的行为编程作斗争,倒不如承认它的力量。我承认,如果我只能解释你的最佳意图和你最美好的爱情是如何被你的潜意识破坏的,而不向你指出可以用来重新编程潜意识的工具,这将是一本令人非常沮丧的书。但幸运的是,我们并没有注定要与潜意识里的自我破坏行为共存。

不过，在探讨如何改编你的潜意识之前，我要解释所有负面的编程从何而来（……不是你）。然后，我将告诉你如何重新编程你的潜意识。这样你就能消除那些阻碍你创造和（或）维持生命中蜜月效应的无形障碍。

子宫里的编程

医生们过去常常认为（有些到现在仍然这么认为），孕妇为了让她们的宝宝健康成长，所能做的就是吃好，摄取维生素和矿物质，并锻炼身体。根据传统观念，基因编程将管理其余的事情。但是，最近的一项研究终结了"未出生的孩子还不够成熟，不能对除营养环境之外的任何东西做出反应"这个荒诞的说法。结果证明，研究人员了解得越多，就越认识到胎儿和婴儿的神经系统有多复杂，而这些系统有巨大的感知和学习能力。"事实是，我们传统上对婴儿的看法大多是错误的。我们误解并低估了他们的能力。他们不是简单的生物，而是复杂和年轻的——带着出人意料的想法的小生物。"大卫·张伯伦（David Chamberlain）在他的《你新生婴儿的思想》一书中写道。[3]

在基于遗传控制的世界里，基因决定有机体的命运，科学只需要关注支持胎儿发育的母体血液的营养状况。然而，表观遗传学的革命和新科学的觉醒，揭示了环境信号控制基因表达。我们现在知道，发育中的胎儿接收到的绝不仅仅是母亲血液中的营养物质。母体血液中还含有大量的"信息"分子，例如说影响和控制母亲情绪和身体健康的化学物质、激素以及生长因子。

现在我们知道，那些塑造母亲的经历和行为的化学物质会穿过胎盘，把与母亲体内相同的细胞和基因作为目标。其结果是，发育中的胎儿沐浴在与母亲相同的血液生化中，经历与母亲相同的情绪和生理反应。

例如，如果母亲长期焦虑，胎儿会吸收皮质醇和其他应激激素。如果胎儿因任何原因不受欢迎，它就会沉浸在否定性的化学物质中。如果母亲疯狂地爱着她的孩子和她的伴侣，那么胎儿就会沐浴在你在上一章读到的爱情魔药里。如果母亲对在怀孕期间遗弃她的孩子的父亲大发雷霆，胎儿就会沉浸在愤怒的化学物质中。

在我的演讲中，我展示了一段来自国际胎教协会的视频，这段视频形象地展示了父母与他们未出生的孩子之间的相互依赖关系。在视频中，一位母亲在做超声波检查时，和孩子的父亲大声争吵。当争论开始时，你可以看到胎儿跳了一下。当争吵随着玻璃破碎的声音，甚至更高的尖叫声而升级时，胎儿会感到害怕——它会吓得拱起身体，跳得更高，就好像它在蹦床一样。

这个超声波扫描图和其他一些研究清楚地表明，胎儿对母亲所提供的环境有强烈的反应，也会受到父亲的影响。1981年，托马斯·R. 维尼博士（Dr. Thomas R. Verny）在他的开创性著作《胎儿的秘密生活》一书中首次提出案例，证明胎儿甚至还在子宫里时，父母就会对其产生影响。"事实上，在过去的10年里出现了大量科学证据，要求我们重新评估胎儿的心理和情绪能力。研究表明，无论是醒着还是睡着，（胎儿）都在不断关注母亲的举动、思想和感受。从受孕的那一刻起，子宫里的经历就在塑造大脑，并奠定了人格、性情和更高思维力量的基础。"[4]

发育中的胎儿大脑不仅对母体血液中的化学递质有反应，还获得了对这些化学级联反应的记忆，而这些化学级联反应定义了它在子宫的经历。到孩子出生的时候，她或他已经"下载"了行为的情感"音乐"，这将是贯穿孩子一生的曲调。孩子吹着一种特殊曲调的口哨出生，因为他或她已经在母体内被其所经历的情感化学模式编程。不是一个单一的事件——比如我前面提到的吵架创造了编程——而是母亲的情感级联反应的重复模式编制了程序。出生后，孩子开始着手创造生活体验，这些体验会成为与情感音乐相匹配的歌词。如果这首曲子是在爱中创作的旋律，那就太好了。但如果母亲在怀孕期间情绪状态长期不稳定，那就不太好了。

这个编程的性质对于领养孩子的父母来说很重要。他们的孩子来自各种各样的背景，这些父母通常不知道，即使他们收养的是婴儿，孩子们也可能已经下载了一种功能失调的情感化学模式，那会成为一种不太好的行为"音乐"——孩子并不是一张白纸。养父母会把注意力集中在孩子身上，而当被精心培养的孩子开始表现出他们失调的亲生父母的行为时，养父母会感到震惊。

他们没有意识到的是，孩子的个性基础在出生的时候就已经形成了。一个名为"胎儿起源"的新研究领域断言："产前发育是我们生命中最重要的阶段,它会永久性地影响大脑的回路,塑造我们的智力和性格。"在《时代》杂志的封面故事中,安妮·墨菲·保罗(Annie Murphy Paul)承认:"……孕妇的心理状态会影响后代的心理。"[5] 子宫里的九个月对人一生各方面的发展都至关重要。所以凡尼博士说,他希望怀孕的妇女能够穿着"正在成长的婴儿"T恤来传播这一重要事实。事实上,母亲(以及通过她与孩子父亲关系的延伸)自然地进行"启智计划"。通过母亲的生理,尤其是她的血液进入胎盘,胎儿间接地了解这个世界,它将出生并积极地调整其行为和基因,以便在他或她父母的世界中生存。

子宫后编程

学习的步伐在出生后仍快速进行。婴儿出世时已经预装了一些程序,如吮吸之类的本能行为。但他们还要学习很多东西才能在这个世界上立足。难怪进化赋予了婴幼儿的大脑能够迅速下载数量无法想象的行为和信念的能力。

要了解这种大规模下载是如何发生的,关键之一在于大脑起伏波动的电活动可以用脑电图来测量。在成人的大脑中,脑电图的活动范围超过 5 个脑电波频率,从最低频率的德尔塔波到最高频率的伽马波。但是,在幼童大脑当中,两种低频率的脑电波,即西塔波和德尔塔波占主导地位。[6a,b]

在子宫里,以及在生命的第一年,人类的大脑主要以最慢的脑电波频率运行,每秒约 5~4 个周期(Hz),即所谓的德尔塔波。这并不奇怪,因为婴儿经常睡觉。而在成年人脑中,德尔塔波在做梦时占主导地位，这是我们最难醒来的时刻。

2~6岁儿童的主要脑电波是西塔波（每秒钟4~8赫兹），这是与想象力状态有关的振动频率。这是一个发展的阶段。在这个期间，孩子那令人愉快的想象力是狂野的。当看到孩子拿着扫帚说这是一匹马时，不要告诉孩子它只是一把扫帚！在孩子心中它就是一匹马。因为在这个美妙的生命阶段，西塔波主宰大脑的功能，是一个想象和现实交织在一起的状态。在孩子的心目中，扫帚已经变成了一匹马。

同样重要的是，西塔脑波频率与催眠状态有关。在这种状态下，信息可以被直接下载到潜意识中。为了诱发成年人的这种富有想象力、易受影响的状态，催眠师使用设计好的方法，将客户的脑电波频率降低到更柔和的西塔波范围。

在最初的6年里，儿童并没有表现出与"阿尔法、贝塔和伽马脑电波活动为主导的大脑状态"相关的意识品质。儿童的大脑主要在创造性意识之下运作，就像成年人的大脑活动在睡眠和催眠状态下会下降一样。在高度可编程的西塔波状态下，孩子们记录下他们在环境中生存所需的大量信息。但是，他们没有能力在下载的过程中有意识地评估这些信息。任何怀疑这个下载复杂程度的人都应该想想，你的孩子第一次脱口而出从你这里学到的骂人的话语，那时的情形是怎样的？我相信你注意到了它的复杂性，包括正确的发音、微妙的风格，以及带有你的特征的上下文。

这种设计巧妙的行为下载系统可能会被吹毛求疵的父母劫持（我指的不是偶尔说出的脏话）。我们大多数人都是在家庭中长大的，在那里我们下载了父母的批判态度："你不该这样""你不擅长艺术""你不聪明""你很坏""你是个病态的孩子"。大多数情况下，父母并不是认为他们的孩子不可爱，他们只是像一个教练一样，想用负面的批评来激励他的球员更加努力。

父母这种教练式的努力，要求孩子们有意识地去理解负面评论背后的积极逻辑。但是，在最初 6~7 年时间里，儿童的大脑主要在潜意识（阿尔法波）下运作。在那个阶段，孩子无法从智力上理解刺耳之言的不真实性，家长的负面评价被下载为真理，就像下载到台式电脑硬盘上的比特和字节一样。挑剔的父母并不知道，当他们在帮助孩子的时候，实际上是在宣判他们的孩子去过一种毫无价值感的生活。

举个例子。一个爸爸正和他5岁的儿子在凯马特购物。儿子发现了一个玩具,他被迷住了,他觉得自己必须现在就拥有它。当爸爸说不的时候,孩子就大发脾气,引起了玩具区每个购物者的注意。沮丧的父亲生气了,愤怒地用他最权威、最可怕的声音脱口而出:"你不配玩这个!"年幼的孩子直接下载了父亲的话语,以及他拒绝的语气。"我不够好""我不可爱"。

这种"不可爱"的编程是在你生活中创造蜜月效应的最大障碍之一。事实上,当用肌肉测试评估潜意识编程时,大多数人的潜意识会拒绝"我爱我自己"这句话。

在一次严重的摩托车事故后,我第一次去脊椎指压按摩师那里了解到了肌肉测试的有效性。脊椎指压按摩师证明,肌肉测试是一种与潜意识沟通的方法。他让我伸出胳膊,顶住他向下施加的压力。我抵抗住了他施加在我手臂上不太重的力道,没有问题。然后,他让我伸出胳膊,再次抵抗他。这一次他说:"我的名字叫布鲁斯。"我又一次顶住了他的压力。

然后,他让我伸出胳膊,顶住他压力的同时说:"我的名字叫玛丽。"令我惊讶的是,尽管我强烈抵抗但我的胳膊还是耷拉下来了。"再试一次。"我说,"显然,我没有准备好。"于是我们又试了一次。这次我更加集中注意力去抵抗。然而在我重复了一遍"我的名字叫玛丽"之后,我的胳膊就像石头一样沉了下去。这是因为,当显意识做出与潜意识中储存的信念相冲突的陈述时,所产生的不和谐就会被体验为身体肌肉弱化。

在我的演讲过程中,我经常让观众对"我爱我自己"这句话做肌肉测试。当大部分人手臂下沉的时候,我让他们思考,潜意识里认为自己不值得爱的想法是如何影响其关系的?如果你都不爱自己,别人会爱你的概率是多少?非常低!因为你的潜意识不相信自己是值得爱的。如果在你甚至都不觉得自己值得爱的时候,有人声称他们爱你,那么他们又有多大的价值呢?

潜意识里"不值得爱"的编程,95% 的时间都在运作,无意识地创造出一些行为来表露你的感受。你可能会认为这是一个秘密、深藏的想法。但是,它完全表露在你的脸上,在你无意识脱口而出的话语中,以及你表现出来却没有觉察到的行为里。更重要的是,你失衡的信念在你的能量场中被传播,无形地破坏你创造显意识所渴望的那种关系的努力。

童年时期记录在人们潜意识中的不仅仅有语言,还包括行为。在西塔波引发的催眠状态下,孩子们仔细观察并倾听他们的父母,然后通过将父母的行为下载到自己的潜意识中来模仿他们。当父母是伟大的行为典范时,西塔波的催眠就是一件绝妙的工具,可以提高孩子的学习能力,使他们学会各种技能从而在世间生存。当父母的行为不那么好时,同样的西塔波"记录"可能会让孩子的生命跌入尘埃。

研究表明,我们的近亲黑猩猩仅仅通过观察就可以拥有我们的学习能力。在京都大学灵长目动物研究所一个为期两年的系列实验中,一只雌性黑猩猩被教导识别各种颜色名称的日文字符。当一个特定颜色的日文字符在电脑屏幕上闪现时,黑猩猩学会了选择正确的色块。在选择了正确的颜色后,她会从电脑那里收到一枚硬币。接着,她可以把硬币放进自动售货机里挑选一个水果作为奖励。

在训练的后期,这只黑猩猩有了一个孩子。在接下来的课程中,孩子都与她保持着亲密的关系。令研究人员惊讶的是,有一天,当母亲从自动售货机里取出水果时,婴儿黑猩猩启动了电脑。当字符出现在屏幕上时,小猩猩选择了正确的颜色,抓住了奖励的硬币,然后跟着他妈妈去了自动售货机。研究人员

惊讶地得出结论：婴儿完全可以通过观察来掌握复杂的技能，而不必由父母主动指导。⁷

虽然这项研究，以及其他研究对学习有很好的启发意义，但对于在功能失调的家庭中长大的孩子，比如有家庭暴力、有吸毒或酗酒的父母的家庭，这项研究有着可怕的含义；对于不太正常的家庭来说，也有着可怕的意味。想想看，我们许多人下载的关于父母婚姻方面的不良信息吧！但是，你说："我是不一样的。我发誓要建立与父母不一样的关系。"这是由你的显意识创造的一个值得称赞的目标。不过同时，被你父母编程的主导性潜意识正在控制你的行为。

因为有时候很难打破人们对潜意识编程的否定，所以不要只想到你自己，而要去想想一个你认识了很久的朋友。比如你认识的一个朋友"比尔"，你也认识他的父亲。有一天，你发现比尔和他父亲有着同样的行为。你随意说道："比尔，你就像你爸爸一样。"那就是你最好离比尔远一点的时候！他会暴跳如雷，回答道："你说我像我爸爸是什么意思？我一点也不像我爸爸。"这个故事的重点是：每个人都能看到比尔的行为就像他爸爸一样，而只有比尔看不到他自己的潜意识编程！

想想这一点,"我们都是比尔!"我们认为我们的行为是出于显意识的希望、欲望,以及渴望。但是,一旦我们的显意识开始陷入沉思,它就会停止关注当前的时刻。这时,我们潜意识里的编程就会启动。我们开始表现得像我们的父母,但甚至我们自己都看不见它!

现在,你想知道西塔波诱导的下载过程什么时候停止吗?大约6~7岁的时候,孩子们对催眠式编程的敏感度降低了,因为他们发育中的大脑开始逐渐以更高频率的阿尔法波(8~12赫兹)运作。阿尔法波的活动与平静的意识状态相关。最后,孩子开始体验到一种"自我"感。

让我们回顾一下凯马特的场景。但这一次,孩子已经10岁了,他的大脑主要在有意识的阿尔法波活动中运作。这一次,当孩子听到"你不配得到那个玩具"的时候,他并不一定会从字面上理解父亲(除了在有虐待情况的家庭中)。他用自己的意识来评估这个状况,并对自己说了这个非常准确的故事:我爸爸生气了,因为我放慢了购物的速度,而他讨厌购物!他想让我闭嘴,因为他想赶紧结束,回家看足球比赛。我知道他爱我……上周我还收到了很多新玩具……

当然，并不是所有年龄较大的儿童或成年人都能对他们的关系作出如此敏锐的描述。即使是成年人，也可能会陷入同样的潜意识陷阱，因为他们没有使用关键性的评估思维，而且他们还有负面编程的历史。但是，当孩子很小的时候，是无法作出这样的评估的，因为正如我之前解释的那样，他们的思维并没有以显意识来运作。在上面这个故事中，这个5岁孩子的潜意识真的接受了他父亲的回应，把他的说法当作了"真理"。10岁的时候，他能看清事情的具体情况。但是，在他发展出显意识能力之前，他从父母和社区中已经下载了很多负面并且剥夺力量的信息。

这与蜜月效应有什么关系？你在6岁之前接收到的编程都不是来自你的希望、愿望和志向，而是来自观察你的父母和你所住的社区，这是影响你对待人际关系的主要编程。它也解释了人际关系的模式：为什么有些人在错误的地方寻找爱情，为什么有些人不能维持一段关系，为什么一些有福的人在恋爱关系中过着迷人的生活。对大多数父母不开明的人来说，这正是我们需要消解的编程，然后才能在日常生活中享受蜜月效应。

改变潜意识

1. 意识到你想要的是什么

多年来,玛格丽特和我从个人经历中学到了一个我们以前经常听到的真理:自助者天助。重要的是,要把你想从生活中得到的东西形象化和具体化。在我们的目标尚不明确之处,宇宙会尽其所能填补空白。不幸的是,在没有计划的细节中出现的情况,会严重破坏我们渴望的目标和抱负。

考虑到这一点,在你开始重新编制潜意识程序之前,最好退后一步,有意识地问自己:"我真正想要的是什么?"

我告诉过人们,说出他们想要的东西时要小心,因为他们会得到它。但我的美好生活伴侣玛格丽特指出,这种告诫非常负面。于是,我把这句话改成了玛格丽特的建议:"对于你想要的东西要有意识,因为你会得到它。"

把你正在从关系中寻找的东西在心理上列一个清单。尽可能多地填写你能想象到的细节，越多越好。这是一个练习，旨在确保你的显意识头脑创造性地参与这份清单的编撰。在默认的情况下，你的描述中遗漏的细节将由潜意识决定。如果让它自行运作，它会列出你的父母或你的社区所相信的良好关系。

把清单详细地写下来。正如我之前说过的，细节越完整，你的头脑和宇宙就越容易在实现你的愿望和渴望的过程中"串通一气"。不要写"我想要一段伟大的关系"这样的话，而是以现在进行时态、用多重感官细节描述你想要的，就好像你已经拥有了它：它看起来怎样？感觉如何？听起来像什么？这里有一个例子，尽管它非常不完整：我爱充满关爱、开明、充满感情、聪明的生活伴侣，在安静的晚上欢笑和分享我们的故事和爱好时，我感受到了完全的支持。通过拼写和传达你想要的东西，你会表现出有意识和潜意识的行为，这些行为会吸引你想要的各种关系。

2. 审视你的潜意识编程

当专注于定义我们所寻找的伴侣特征时，我们不可避免地无法评估自己的行为，尤其是无法评估那些看不见的、潜意识的行为是否与我们想要的伴侣相一致。例如，也许你在这样一个家庭当中长大，你的父母从来没有表达过爱，而且对待彼此的态度都很尖锐。你下决心要找到一个伴侣，他会表现出你没有觉察到但正在渴望的那些充满爱的特征。你的显意识会做出行动来吸引你中意的伴侣。但是，你从父母那里获得的具有主导性的和未觉察到的潜意识行为，可能会让拥有这些被渴望的、有爱特质的角逐者们感到厌恶。

我们几乎意识不到自己的潜意识行为，而当我们注意到它的时候，情况几乎是令人震惊和尴尬的。由于看不见自己的行为，我们倾向于把失败的关系归咎于他人：一个像我这么善良的人怎么可能是问题的根源呢？诚然，在我们的显意识中，我们是自认为的那种充满爱心的人。但大多数时候，我们的生活是由看不见的潜意识进程所塑造的，而这些程序可能并不那么可爱。

所以我们需要回答一些问题。"我的潜意识编程是否支持我的心之所系？""如果平时不留心这些行为，我们怎么知道自己的程序是什么？"由于大多数编程都发生在我们七岁之前，特别是由于我们大部分性格在出生之前就已经被定义了，所以我们的显意识可能根本不知道我们的潜意识里有什么东西被下载下来了。那么，我们该如何评估潜意识编程的性格呢？

一旦你理解了潜意识和显意识之间的相互作用，那就很容易了。因为我们95%的行为都是由潜意识自动控制的，而不是显意识。根据定义，我们的生活就是编制在我们潜意识中的行为程序的"物理打印输出"。

举例来说，如果你一辈子都在为钱而挣扎，那么回想一下——正如许多金融专家现在所说的——你年轻时所收到的关于金钱的编程，以及那些编程至今对你生活的影响。苏兹·奥尔曼（Suze Orman）在她的《财富自由的九个步骤》一书中写道："关于钱的信息代代相传，就像家里的盘子一样磨损开裂。"[8]例如，奥尔曼非常年轻的时候就得知，她的父母"看起来很不开心"的原因并不是他们不爱对方，而是没有足够的钱来支付账单。"在我们家里，钱意味着紧张、忧虑和悲伤。"[9]

你可以像如今富有的奥尔曼那样，化解即使是最消极的编程。你不必改变你的整个人生，只要专注于你需要帮助的地方。也许金钱的道理对你来说很自然,但你在人际关系中挣扎。没有必要在涉及金钱的潜意识编程上下功夫。你喜欢的东西,容易获得的东西,已经被积极的潜意识编程所支持,所以你体验到了它们。然而,任何你必须为之努力的事,任何你曾经一次次努力却没有成功改变的事,任何你挣扎着获取的事物,都最有可能代表着局限性和自暴自弃的潜意识信念,的确是需要重新编程的。

你不但不需要改变一切,而且不必去找心理学家了解每件事。你不必在感情上把自己撕成碎片,你不必把注意力集中在该对你的编程负责的人身上,也不必杀死信使。而是信息本身需要重写,因为正是信息导致了你的行为。所以,不要浪费时间回去和信使较劲,因为这种努力通常会刺激那些痛苦的旧感觉,使它们再次恢复活力。你所要做的,就是专注于重写那些干扰你实现愿望的潜意识行为程序。

注意,在寻求一段充满爱的关系之前,要确保这一基本信念——"我爱我自己"——牢牢地存在于你的潜意识中。正如我之前解释的那样,不爱自己,是大多数想在生活中创造蜜月效应之人的主要和巨大的障碍。

3. 启动重新编程

要重新编程潜意识，有很多技术可以使用。我会告诉你三类我自己做过的化解负面编程的事（有很多需要化解的东西）。不过，你首先得查看一下本书的附录部分，以及我网站（www.brucelipton.com）上的资源，这样你可以找出哪些工具可能对你有效。没有万能处方的存在，我的目标是提供关于"在你生活中发挥破坏性作用的潜意识编程"的信息，我希望启发你找到最佳方法来撤销编程。

在试着重写我们的行为程序之前，理解我们的显意识和潜意识学习方式的不同是至关重要的。你可能会认为，当有意识的大脑学习一些新东西时，潜意识程序会自动调整自己以适应新的知识。错！这两种意识本质上是作为独立实体而运作的，并不以同样的方式"学习"。

创造性的、有意识的头脑，"思考"的头脑，可以立即从各种各样的信息中学习。有时候，仅仅灵光一闪的瞬间，就可以让你的信念和生活产生彻底的改变。同样，显意识可以从听学校演讲和公共演讲、阅读励志书籍、观看视频中获得新的信念。或者通过对你的成长经历进行极度痛苦的精神分析而改变信念。但有时候,像我一样,探求者只专注于学习知识。让显意识接受教育不会自动地重新编程潜意识。以我为例,当我利用理性觉察来重写潜意识程序时,我在改变自己的生活方面取得了实质性的进展。

虽然显意识是有创造力的,可以利用那个创造力来学习,但潜意识主要通过催眠或创造的习惯来学习。在7岁之前,你的潜意识会迅速下载各种信念,因为你的大脑主要在催眠的西塔脑电图频率上运作。7岁以后,潜意识的主要学习来源是"习惯化"(habituation)。你是怎么学会乘法表的?通过反复地背诵数字序列,最终记住这个模式,并可以在不知不觉中重复它。重复导致习惯化,这是编制潜意识行为模式程序的基本机制。

例如,当你第一次学开车时,你的意识完全参与到每一个细节中。比如一直留意通过风挡玻璃看到的东西,关注仪表盘上的指示,将目光保持在三面镜子的影像上,以及留心脚踏板。但是今天,你上了车,把钥匙插进点火开关,然后上路。你的意识集中在目的地,或者你昨晚去的派对上,或者与一名乘客进行深入交谈。大多数时候，你甚至都没有注意到路上发生的事情。开车的是谁？当你学习开车的时候，你的潜意识就会使用它在重复练习中形成的习惯。不要害怕你会无意识地驾驶汽车，因为正如我在前面的章节中提到的，潜意识比有意识的大脑强大千百倍，而且拥有更快的处理器。事实上，如果你的汽车开始冲向危险，压力荷尔蒙会关闭你的显意识，以确保让更快更强大的潜意识控制局面。

催眠和习惯化是将行为编进入潜意识程序的主要手段。这就是显意识如此努力却没有用的原因。例如，与自己"好好地谈话"一场，阅读一本自助书籍，或者张贴便利贴，这些对改变不想要的潜意识编程几乎没有什么效果。除非它们经常重复，直到创造出一个新的习惯。

专注与习惯：当我意识到需要重写自己的程序时，我做的第一件事就是让自己养成专注的习惯——我开始关注我的想法！专注的目的，是要让你的每一个行动和决定都来自你的希望和愿望，即你的显意识，而不是你的自动驾驶仪——潜意识。

当我开始专注的时候，我不仅意识到我的显意识在思考时我是多么频繁地滑入自动驾驶状态，而且还意识到那些自动运行的想法是多么不实用。研究人员已经证实，我们65%的想法是消极和（或）多余的。

开始这项练习的一种方法是，当你做一件日常琐事——比如开车时，留意你的想法。当停在红灯前，你很快会发现，交通中断并停滞时，念头在你的头脑中不断地运行。我开始观察这些失控的想法，我意识到它们并没有描绘我想要生活于其中的现实，不过它们却是我正在展现的（例如：我永远都不会准时到达那里。我不想这么做。这种交通状况真是一场噩梦）。正如我所解释的那样，只有积极的想法是不够的，但这是一个好的开始。于是，带着这个意图，一旦消极想法突然出现在脑海中，我就开始立即重写它们。给它们一个积极的旋转，同时也努力地、有意识地停留在当下。反复重写一个频繁出现的特定想法，会产生一个习惯，甚至在消极思想进入意识之前，这个习惯就自动"纠正"了它。

当生活变得繁忙时，是很难专注和维持的，因为我们的念头在不停地转来转去，管理日常生活中的无数细节。这种干扰性忙碌正是佛教徒将正念作为终生修行的原因。

2010年,哈佛大学研究人员发现,人们在醒着的时候,几乎一半的时间都在思考别的事情,而不是正在做的事。这种走神让他们很不开心(甚至当他们的念头转到令人愉快的主题时也是这样)。作者写道:"总而言之,人类的头脑是游移的头脑,而游移头脑是不快乐的。"思考未发生之事的能力是一种认知上的成就,而这是以情感为代价的。当然,大脑走神的不快被这个事实加剧了——那些看不见的潜意识编程常常破坏我们的愿望。

对于这本书来说,哈佛研究最重要的发现是,当你做爱时专注要容易得多。研究发现,当受试者发生性行为时,走神的时间平均只有10%。[12] 这就解释了度蜜月的人更容易有意识地运作的原因。当我们保持专注的时候——不仅仅在做爱时——我们有意识的希望和愿望会在我们的生活中表现出来,这就是我们确保蜜月效应持续的方法。

催眠状态与潜意识录音带:当我们从深度睡眠中醒来时,大脑的振动频率从缓慢的无意识德尔塔波跳跃至更高频率的西塔波。如我所述,这是与想象力有关的大脑状态,它也与奇妙神秘的白日梦状态相关。在这种状态中,人完全混淆了真实与梦境。一种由西塔波驱动的体验,融合了想象和现实,这是7岁以下儿童的行为特征。身为成年人,你可能体验过西塔波时刻。收音机的闹钟叫醒了你,在昏昏沉沉的状态中,你把收音机里的真实故事和你刚刚的梦境混在了一起。这就是你如何将想象与现实相结合的例子。

当你变得更清醒时,大脑的脑电图活动会上升到更高频率的阿尔法波,它平静的意识特征充满了你的大脑。当你开始工作的时候,你的大脑处于工作模式,运行着高速、高机能的贝塔波。幸运的是,当你下班回到家时,脑电图的频率会降低,因为大脑的运行频率从贝塔波下降到平静的阿尔法波,然后逐渐进入西塔波,最后进入德尔塔波,迅速入睡。

这种升高和降低的脑电图频率意味着你的大脑一天两次经历可编程的催眠阶段。所以每天你都有两次机会通过催眠的自然状态来重新编程潜意识里的信念。当然,正如许多研究发现的那样,冥想者可以增加西塔波的频率。例如,2009年的一项对经验丰富的雅肯冥想(Acem Meditation)——在挪威开发的一种非定向方法——实践者的研究,受试者被要求休息20分钟,再冥想20分钟。研究人员发现,冥想时"西塔波能量显著增加",特别是在大脑的前额和中部。

一旦我意识到孩子们在催眠状态中下载了大量信息,我就决定试试这个方法。使用被设计好的潜意识录音带将积极想法与信念编入我的潜意识。我挑选了露易丝·海(Louise Hay,《自强的圣母》一书作者。而且巧合的是,她也是本书的出版商)的一卷录音带来减压并提升耐心。磁带的开头是一个放松练习,旨在让显意识平静下来,让听者进入放松的、以低频阿尔法和西塔脑电波为特征的可编程状态。

我第一次戴上耳机,打开潜意识录音带,是在我即将睡觉的时候。我的显意识一直保持着警觉,反复听了磁带里的编程信息好几遍。到第三次使用磁带的时候,我甚至都没听完放松练习就睡着了。最后甚至达到了我一戴上耳机就瞬间放松的程度。最棒的是,当我进入孩子的低频脑波时,磁带一直在帮助我不断下载积极的思想。

我体验到的改变并不明显——远不像霓虹灯那么醒目。但事情和以前不完全相同了,它们变得越来越好。只是在经过一段时间之后,当我回顾最近生活中的事件时,我才意识到自己的行为多么深刻地改变了。

能量心理学：下一步，我将采用一种新的疗愈方法来重新编程我的潜意识，这个方法叫作"能量心理学"。正如你会在本书附录和我的网站上看见的能量心理学资源列表一样，还有很多别的版本的能量心理学。尽管不同的版本在实践中差异很大，但有一点是肯定的，能量心理学能够在瞬间引导行为方式的根本改变。在很多案例中，这些改变产生了潜意识编程行为的永久性变化。

我喜欢这些新的技巧，因为它们彻底颠覆了主流（以及行为控制方面的）信念，改变很困难。而且，美妙的是，这些新的心理学工具在进化本身推动人类做出改变的现在，及时出现了。我们并不拥有经年累月的时间来改变人类行为。

虽然没有任何机制能够解释这些实践导致的行为变化的速度，但事实是，这些变化是真实而且持久的。就我个人而言，我最熟悉罗伯·威廉姆斯（Rob Williams）开发的心理-K信念改变进程。我知道心理-K的能量平衡技术是有效的，因为它从根本上改变了我的生活。更重要的是，在过去的几年里，我听到了来自世界各地成百上千人的声音,他们使用心理-K成功地掌控了他们的生活。

直到最近,能量平衡技术的良好效果还只是个人的主观体验。然而,通过采用定量脑电图(QEEG)和低分辨率的电磁层析成像(LORETA)的新三维脑映射研究,它提供了可测量的客观数据。这些数据显示,在一个10分钟的心理-K环节之后,大脑行为发生了重大而持久的变化。

大脑映射研究显示,心理-K引起了一种"全脑(思考)状态",在这种状态中,大脑的左右半球开始同时工作,这种现象被称作"半球同步"。在一般清醒状态下,我们主要倾向于以左半球运作,这一侧大脑专注于逻辑。相反,右半球则与处理情绪有关。当左半球主导时,我们倾向于以逻辑和推理否定我们的情绪冲动。

根据神经科学家杰弗里·L.范宁博士(Jeffrey L. Fannin, Ph.D.)的观点,全脑活动积极影响的不仅仅是身体和心理的治疗。范宁博士的大脑映射研究表明全脑运作是"通向更高意识的入口",相当于一种与更高功能和灵性意识相关的超级学习状态。[15] 请理解这一点:心理-K进程并不会对每个人都起作用。

事实上，没有任何一个工具是适合所有人的。如果附录上列出的某个方法不起作用，不要放弃，试试另一个！

4. 沟通

为了创造蜜月效应，最重要且紧迫的是，夫妻双方必须学会深层次的沟通。如果双方不具有相同的意识水平，这种沟通是不会发生的。当伴侣双方都意识到所面临的潜意识障碍时，他们就可以把通常即将发生的争吵转变为讨论。"我不认为你听到自己刚刚说了什么""你是那个意思吗？""你是在播放磁带吗？""这是不是从你父亲那里下载的行为？"所有这些讨论点，都为伴侣双方提供了觉知其无意识行为的一个机会。同时，让他们对潜意识行为程序如何破坏关系获得更多的了解。

如果夫妻双方中只有一人觉知到这种行为编程，试图改变（关系），会感到像是在和一堵墙说话。如果其中一人对改变没有兴趣或没有做好准备，那么改变就不会发生。改变需要团队合作！

5. 耐心

如果某个星期内，在你们的关系之中遇到一个矛盾点，而那个矛盾点一周之后又出现了，不要感到惊讶。请记住，你正在试图改变终身的（生活）模式，关系的改变可能不会在一夜之间发生。为了打破一再出现的机能失常模式，你需要对自己有耐心、对对方有耐心，对那些持续耸立着丑陋头颅的顽固习惯有耐心。如果你能以讨论代替争吵来处理这件事，你就已经踏上了通向新生活的道路。

比方说，这里有一个典型案例。一个男孩与一个女孩陷入意见分歧，而且他不想再说这件事了。相反，女孩想剖析它。这可能是导致灾难的原因，因为她想继续谈话，而他则沉默着不停地挖更深的洞。以我为例，在我最终离开那个洞的时候，我承认我不沟通的"习惯"是在推迟解决我们的问题，我也意识到玛格丽特在认真地试图修补出现在我们生活中的坑洞。

后来当我发现自己处于沉稳、冷静的状态中时，我告诉玛格丽特，当我处于切断习惯的进程中时，我仍然在聆听，尽管我无法做出行动。我请求她对我有耐心。我对她说，我希望她在我内心试图逃那些毁灭性的惯性行为时，能继续说下去。在那深刻洞察和觉知的时刻之后的每一次，我都以断开惯性行为来回应，我的显意识有效控制并终结了失衡行为。在很短的时间内，反复化解具有局限性的行为，我们现在可以轻易解决问题，而不激起无意识的本能反应。不再有抗争……孩子，生活更轻松。是的！

6. 练习

你练习了多少次乘法口诀表，直到它们被牢牢记住？在你能够熟练开车之前，你练习了多少次？相类似，潜意识习惯不会因为你说一声"走开"就离去。你必须练习新的习惯，直到它们变得自动化。

习惯不只是装饰在冰箱便利贴上的单词。习惯是你（不断）练习的行为，直到它（牢牢）粘住你！

最终，我所描述的工具会带来你所寻求的改变。我是一名科学家，而我与我的伴侣玛格丽特——她教会了我太多——的关系是一场持续进行的实验，一场我们两人的、关于永远幸福地生活在一起的实验。我可以明确地告诉你们，如果实验没有效果，我不会写这本书！

当你移除了潜意识编程的障碍，你就自由了，可以活出创造性的浪漫人生，梦想成真。一旦你将显意识的希望、愿望和渴望编入你的潜意识程序，你将创造永恒的蜜月。即使在你溜进自动驾驶状态时（正如我们都是这样的），先前的丑陋行为也不会昂起它们的脑袋，因为你的潜意识程序现在匹配的是你显意识的愿望和希望。当你们的四个头脑一致的时候，你和你的伴侣将会变成与你们初见时一样可爱的人。

上图描绘了七个主要脉轮。能量点在身体中上下运行，直观地说明了整合你的生理和行为的浪漫结果。在这张图中，三个较低的脉轮（太阳轮、神经轮和底轮）代表我们的物理生物学，特别是我们的生理对于塑造我们生活的影响。前三个脉轮（顶轮、眉间轮和喉轮）代表来自我们意识和心理的影响。中间脉轮是心轮，代表对自己和他人无条件的爱。

当这幅图解中七个脉轮全部对齐时，就没有能量阻隔了，能量会自由地流经每一个脉轮。中间的心轮有目的地大于其他脉轮，因为当你调整自己的生理和心理时，当你爱自己、别人就可以爱你、你也可以爱别人时，你的心就会向你的伴侣和世界敞开。通过显化你所选择的生活，而不是由你的家庭编程来引导你的生活，你可以拥有一切。

欢迎来到蜜月效应！

附 注

1. 玛丽安·泽盖迪·马扎克,"头脑之谜:你的潜意识做出日常决定,"《美国新闻与世界报道》(2005年2月8日)。

2. 托·诺瑞探德,《用户错觉:切割意识至一定大小》(New York: Penguin, 1998), 124-25。

3. 戴维·张伯伦,《新生儿的头脑》(Berkeley, CA: North Atlantic Books, 1998), xiii

4. 托马斯·R. 维尼医学博士和帕梅拉·温特劳布,《明天的宝贝:从怀孕到婴儿期的育儿艺术与科学》(New York: Simon & Schuster, 2002), 29。

5. 安妮·墨菲·保罗,"胎儿起源:前九个月如何塑造余生,"《时代》(九月 22, 2010)。

6. (a) R. 莱博,"神经生物反馈的医学应用",节选自《神经生物反馈》,编辑:J.R. 伊万斯和 R. 艾巴巴尼 (Burlington, MA: Academic Press, 1999), 83-102。
   (b) R. 莱博与 B.H. 利普顿的个人通信。新泽西,(2002)。

7. "儿如其母,"《科学》,第292卷。(2001年4月13日),205。

8. 苏兹·奥尔曼,《通向财务自由的九个步骤》(New York: Crown, 1997),12。

9. 同上,3。

10. 瓦尔·金哲斯克,《重新思考你的工作:触及重要的核心》(Chesapeake, VA: Kaizen Publishing, 2009),117。

11. 马修·A.基林斯沃思和丹尼尔·T.吉尔伯特,"游移的心是不快乐的"《科学》,第330卷,第6006期(2010年11月12日):932。

12. 比尔·亨德里克,"游移的心可能导致不快:研究人员指出,让人们最快乐的事是性生活、锻炼和社交,主要是因为这样的活动有助于保持头脑不走神"《医疗网》,www.webmd.com/balance/news/20101109/wandering-mind-may-lead-to-unhappiness(2010年11月11日)。

13. 吉姆·拉格伯罗斯等人,"在非指导型冥想中增加西塔和阿尔法脑电图活动,"《替代和补充医学杂志》,第15卷,第110期(2009年11月):1187-92。

14. 杰弗里·L.范宁和罗伯特·M.威廉姆斯,"前沿神经科学揭示了信念、全脑状态和心理治疗之间的显著关联,"《CQ:卡帕》(2012年8月),14-32。

15. 杰弗里·L.范宁和罗伯特·M.威廉姆斯,"神经科学揭示全状态及其在国际商业和可持续成功中的应用。"第3卷,第1期(2012年8月)。

第五章

*

成为你希望在世间看到的改变。

——圣雄甘地（Mahatma Gandhi）

-

传播和平与爱的稀有气体和图尔西

希望在前面的章节中我已经说服你——你可以创造出自己梦想中的亲密关系。在本章中，我想说服你，蜜月效应不但可以创造出两个人之间的美妙关系，而且是一种可以在这个生病的地球上传播爱之疗愈光辉的"稀有气体"。

稀有气体

为了解释这个笼统的说法，我需要回到化学上来。不是回到你疯狂恋爱时流经身体的爱情魔药这种恼人的化学物质（如在第三章中所说），而是回到上高中时令你激怒或着迷的周期表上的元素。你不会惊讶于知道原来你曾经着迷，现在仍然痴迷的元素周期表上，整齐排列的 118 个元素所揭示的对宇宙本质的洞见。

元素周期表是组织化学信息的杰作，它定义了物质宇宙的特征和特色。我最感兴趣的是六种稀有气体的独特属性。这些元素包括表右最后一列元素，细分为"第 18 组"。稀有气体元素包括氦、氖、氩、氪、氙和氡。不，这不是能打败超人力量的元素。这些无色无味的气体最重要的特征是，它们是元素周期表中仅有的不形成化合物的元素（除非处于非常特殊的环境中）。

元素周期表中的其他112个元素都很容易形成化学键，从而形成构成恒星、行星和生物圈的物理分子。原子之所以产生"化学反应"的奥秘——具体说来就是，为什么原子自然倾向于彼此结合——可以通过比较稀有气体原子与元素周期表中其他元素的结构来解释。

在原子的结构中，质子有正电荷，电子有一个相等但相反的负电荷。原子中正质子的数目等于负电子的数目。因此，每一个原子都是电磁中性，没有净电荷。创造宇宙的化学魔力不是基于原子中带电粒子的数量，而是在它们的分布上。质子聚集在原子核中，电子像卫星一样绕着原子核进行轨道旋转。

在最简单的描述中，做轨道运动的电子分布在中心核周围的同心层（壳）中。每层只能包含特定数量的电子（层1=2个电子，层2=8个电子，层3=18个电子，层4=32个电子，层5=50个电子）。除了第一层外，所有的层都是由几个亚层组成的。当一个特定的壳或亚层填充满电子后，额外的电子就被分布到下一个外同心层中。如果该层被填满，额外的电子再被添加到下一层。以此类推。

那么，问题来了。原子的自旋就像纳米龙卷风。当一层没有被填满至其最大数量的电子时，原子会在旋转时摆动。有个简单的比喻：洗衣机的滚筒像原子一样旋转。如果把一块叠起来的毯子放在滚筒的一侧并启动机器，会怎么样？随着机器的旋转，洗衣机开始摇摆和弹跳，发出相当大的噪音。自旋原子的未满电子壳层会产生纳米级的类似摇摆。

在洗衣机的类比中，为了停止摆动，你打开洗衣机的盖子，把毯子均匀地分布在滚筒中。现在重新启动机器，它会完美、安静地平衡旋转。电子壳层不完整的112种不同元素，试图通过与具有互补摆动特性的其他原子结合来平衡其摆动。当结合在一起时，两个不平衡的原子在和谐中旋转。

电子占据的壳层数量和外壳层的填充状态决定了原子的化学活性。稀有气体是独特的元素，因为它们是唯一自然地充满外壳层的元素。由于稀有气体已经处于完美的平衡状态，它们通常不寻求与其他元素的合作，因此在化学上是不活泼的。

相反，其他112种元素之间的化学键代表摇摆的原子产生自旋平衡的努力。因此，化学键是一种相互依赖的关系。在这样的配对中，每一个原子都依赖——"需求"——另一个原子以获得平静与和谐。描述这些关系则需要关键词。

让我们来考虑钠原子和氯原子的性质，它们是完美匹配的元素。氯有 17 个电子，占据 3 个壳层：第一个层中有 2 个电子（最大容量），第二个层中有 8 个（最大容量），最外层有 7 个。为了获得自旋平衡，氯需要更多的电子来填充外层空间（见下图中的箭头 B）。

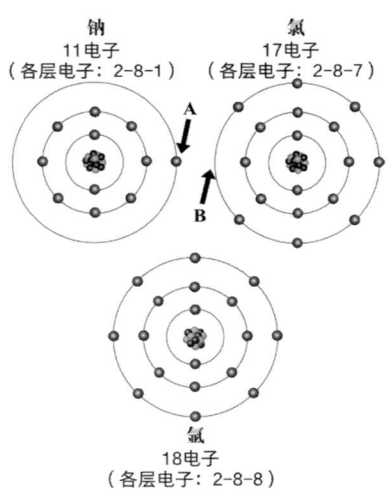

钠、氯和氩原子的简化图解。原子核是一簇带正电的质子和不带电的中子。围绕原子核的是分布在代表原子壳层的环中的电子。氩原子自旋平衡，因为其外层完全充满了电子。相反，钠原子和氯原子的自旋是摆动的，因为它们的外层电子壳层是不完全的。

相反，钠的3个壳层中共有11个电子：2个在第一个层（最大容量），第二个层（最大容量）为8个，最外层只有1个电子。为了获得自旋平衡，钠的外层要么得增加7个电子，要么失去其孤立的电子（上一页中的箭头A）。

钠和氯的外层电子都不是完整的。此外，它们的旋转行为类似洗衣机中不平衡的毯子产生的摆动。但是，当钠原子和氯原子聚集在一起时，它们"产生化学反应"，实现了宇宙通过结合来获得平衡——不再摇摆，从而稳定——的趋势。通过创建所谓的离子键，钠将它的一个外层电子传递给它的氯伙伴，它利用额外的电子来填满外壳（见下图中的箭头）。就是这样，瞧！通过它们的配对，每一个原子都有了一个完整的外壳，它们一起旋转，达到完美的平衡。这是一种基于满足对方需求的关系。

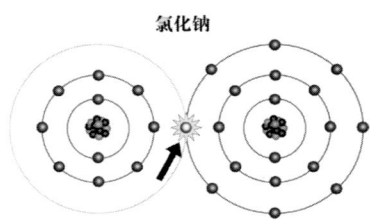

氯化钠

正如我在上一章中所解释的,由于传统家庭和文化的养育方式不甚理想,几乎我们所有人都在一定程度上心理"不平衡"。作为不平衡的个体,我们倾向于像原子那样——寻求另一个不平衡的伴侣。当双方的失衡相辅相成时,他们可以一起"和谐"地旋转而不摇摆。

当我们的显意识寻求与满足我们渴望的个人建立合作关系时,它在下意识地寻找那些与我们的个人特征——我们未观察到的不平衡——互补的个体。在一个极端相互依赖关系的例子中,喜爱施加痛苦的虐待狂,寻求与受虐狂结合,而受虐狂从接收痛苦中得到快感。

在创建相互依赖关系的无意识过程中,你不会失去任何电子。但是，你可能会认为你疯了——与你的潜意识所吸引的不平衡伴侣，而不是与你的显意识所想象的美妙伴侣生活在一起。但即使蜜月后关系恶化，你恶梦中的伴侣开始抽身离去，你还是可能不想让他或她离去！你可能会发现自己在尖叫："不要离开我！"你知道你的伴侣很有虐待性，但你不想让他走，因为他在你的生活中提供了平衡，尽管是失调的平衡。这就是相互依赖的定义！

还记得加勒比海的那个女人吗？因为我不会和她争论而把她逼疯了。你可以想象，她作为孩子时所接收到的那类编程使她将虐待和尖叫与爱相联系。人们会寻求其认可的任何事物为爱，甚至形式扭曲的爱。因为正如我在第一章所解释的，有一种结合的生物驱动力，而生物与心理驱动力倾向于被你所认为的爱吸引。为了感到平衡，她需要和人打架！虽然她抱怨先前的伴侣，但她不想改变，而是不自觉地寻求更多的虐待。我在自己的生命中学到的一点是：你无法改变另一个人，除非有人请你帮忙，否则你的努力很可能会失败。

当然，正如我在本书中所阐明的，我也不是平衡的典范。还记得加勒比海的那个女人对我说我太黏人了吗？我急切地想完成我的生物学任务——寻找伴侣并找到平衡,但我在缘木求鱼。事实上,就像那个把爱等同于尖叫的女人一样,考虑到我的潜意识是多么消极,我寻找爱的地方是多么"正确"。我在无意识地寻找一种相互依赖的关系来平衡我的生活。

稀有气体：激光与爱

现在，让我们来看看上一章中描述的更好的化学当量（译注：当量是指与特定的或俗成的数值相当的量。当量是化学专业用语，用作物质相互作用时质量比值的称谓）。一旦你调整了意识和潜意识，你就不再是一个拼命寻找氯原子的钠原子了。你变成了一个完美平衡的稀有气体——不"需要"另一个元素来平衡。

你可能会觉得很奇怪，让稀有气体作为《蜜月效应》最后一章鼓舞人心的典范。我承认，乍一看，稀有气体听起来更像安·兰德（Ayn Rand，译注：俄裔美国人，20世纪著名的哲学家、小说家和公共知识分子。她的哲学和小说强调个人主义的概念、理性的利己主义——"理性的私利"，以及彻底自由放任的市场经济。）而不是鲁米！可怜的氩，可怜的氖，等等——它们永远不会体验到真正的爱情，因为它们自旋得这么好，永远不需要伴侣！

的确，当人们像稀有气体一样在平衡中旋转时，有机会进入另一种失衡的关系，但他们不会抓住它。它们周围摇摆不定的原子可能非常疯狂，但稀有气体不会被吸入。相反，它们自己继续快乐地旋转。正如我告诉我的观众："稀有气体可以爱上混蛋，但他们不执着于混蛋！"

同样，稀有气体也能自己快乐地生活。当我重新编程自己消极的潜意识（虽然残余部分仍不时冒出来）时，我的内心平静下来——我终于能够通过"我很可爱"的测试。而这是第一次我不渴求伴侣让我觉得完整。事实上，在很长一段时间里，我没有伴侣也没有失去过伴侣。我过着充满激情的生活，传播新的科学言论——基因并不能决定我们的人生或我们的关系。我开始热衷于与志同道合的新朋友联系——我独自飞行，但在我的生活中体验到了蜜月效应。

但是，你会坚持问，稀有气体这么喜欢自旋，它是如何处理人际关系的？答案是："令人吃惊！"

为了理解那个出人意料的答案，我们必须考虑稀有气体的另一个特点——它们形成激元的能力。激元是"受激二聚物"的缩写，表示两个原子之间的一种特殊键合关系。它们在正常状态下不会结合在一起。当一个稀有气体原子受到光子的照射时，它的"正常"状态被深深地改变。原子吸收光子的能量，并因其较高的能量水平而开始更快地振动。简单地说，一个"不偏不倚"的稀有气体原子变得"兴奋"。处于兴奋状态的稀有气体原子将寻求与另一个稀有气体原子结合，从而分享这种兴奋！稀有气体原子形成的受激二聚体（激元）在化学结构上表现为：Ar_2、Kr_2、Xe_2、He_2、Ne_2 和 Rn_2。

不同于传统"化学"基于相互依赖的结合而产生自旋的平衡和稳定，高能量的稀有气体原子就像准备好散播无私之爱——像一个分享和关怀的世界的人一样。我相信，通过改造我的失衡潜意识编程，当玛格丽特最终出现在我的生活中时，我已经成为一个"兴奋的男孩"——在平衡中自旋，我们创造了至今仍在享受的持久快乐之激元（参见后记）。

我想起了纪录片《从此过上幸福生活》，一种古怪有趣的看待美国婚姻的视角（由一位拉斯维加斯埃尔维斯的演员出演）。在美国，90% 的人结婚，但只有 50% 的婚姻坚持到了最后。在这部电影中,《婚姻,一段历史:爱情如何征服了婚姻》一书的作者斯蒂芬妮·昆茨说:"这是数千年来的第一次,婚姻不仅仅是关于爱情的,而且也是关于男女相互尊重和平等选择……当婚姻成功的时候,它比以往任何时候都更公平、更有成就感、更能保护其成员(无论是大人还是孩子)。"这在我听起来像是稀有气体之间的婚姻定义!

激元的受激状态就像另一个光子那样辐射出额外的能量。激元伴侣们在发光!正常情况下,一个发光的、孤独的激元寿命相当短。然而,如果附近有其他的稀有气体原子,它们就能吸收释放出的光子,使自己兴奋起来,这就意味着激元可以创造更多激元。稀有气体的这种可激发的特性导致了激光(Laser)的发展。Laser 是 Light Amplification by Stimulated Emission of Radiation(受激辐射光放大)的缩写。

激光是一种充满稀有气体原子的管子,然后被能量激发。能量刺激了兴奋的稀有气体二聚体(伙伴关系)的形成。被激活的激元继续辐射并释放它们自己的光子,这反过来又激活了群体中其他稀有气体原子形成激元。随着活化激元数量的增加,它们发出的光子最终会通过产生越来越多的激元而产生连锁反应,从而导致"光放大"。起初只产生微弱的光。然而,随着受激辐射的增加,光变得越来越亮。通过对准光波使发射的光子保持一致,让它们都处于同相而产生激光束。一束光线是如此强大,以至于它可以把一堵钢铁墙灼出洞来。

我曾经制作过一场激光秀。我可以以个人经验告诉你,激光千变万化的颜色、强度和纯度对观众的影响是强大的、令人着迷的。"开悟的"稀有气体般的人类可以对我们的星球产生同样强大的影响,因为他们了解人类的内心。企业家、人道主义者和慈善家巴拉特·米特拉(Bharat Mitra)说:"每个人的内心都有一种渴望,渴望参与比自己伟大的事物。"他们被其他稀有气体吸引。比如巴拉特·米特拉和他的妻子芭瓦妮·列弗(Bhavani Lev)(有机印度的创始人)所做的,他们创建了一个帮助治愈我们星球的社区(后来有更多)。

不需要火箭科学家、气候科学家、反战积极分子或细胞生物学家来发现这个星球需要疗愈,人类正在经历的事情是有名目的。当我们体内的细胞相互争斗时,我们称之为自体免疫疾病。人类,由地球上70亿人口组成的超级有机体,现在正经历的是一种非常糟糕的自体免疫性疾病。

除人类以外，构成生物圈的所有生物都是相互合作的。另一方面，由于我们与自然界的分离，我们正在导致自身的灭绝。据预测，在未来30年里海洋里将不会有鱼。这听起来就像科幻小说式的噩梦，但它们是科学现实。其中一个警告是，我们必须改变我们的生活方式。无论是疾病还是社会危机，人类面临的所有问题都源于我们无法理解——当我们破坏环境时，我们是在自我毁灭。正如詹姆斯·拉夫洛克（James Lovelock）的盖亚理论所指出的，我们的星球是一个综合而复杂的超级有机体，我们是这个环境不可分割的一部分。当我们破坏环境的时候，正是在毁灭我们自己。[1]

如果大自然以星球的毁灭、危险的自身免疫性疾病来让人类文明经受考验，那么，强调适者生存的达尔文主义护卫群体可能会指向那些杰出的人类，如爱因斯坦、贝多芬等，以此争辩人类不应该被谴责。这一论点不会有太大的进展，因为进化并不仅仅关乎一个物种中的最适个体，而是对整个物种产生影响。在这种情况下，这个星球上70亿人的集体行动已经创造了一个糟糕透顶且无法原谅的记录。

人类的选择是明确的：我们可以继续做正在做的事情，步上恐龙的后尘。或者改变生活方式。尽管我们具有毁灭的倾向。但我是一个乐观主义者。正如我在第一章中所解释的，进化是由合作型社区的形成而推动的。而且我相信，今天的混乱将推动我们进入进化的下一个阶段（一些人在踢打和叫喊），在那里，爱与合作的稀有气体会茁壮成长。

然而，我们不能只是坐在安乐椅上，然后某天起床时打开大门迎接新世界。进化是一个主动而非被动的进程，每个人都必须成为参与者。我不仅赞同拉夫洛克的盖亚理论，也赞同他关于避免"我们对上他们"这类思考的明智建议：

> 如果我们都想与地球和平共处并活过这个世纪，我们必须明白，仅仅为人权而奋斗是不够的。我们必须明白，我们和所有的生物，从细菌到树木，从阿米巴虫到鲸鱼，都是这个伟大的地球生命系统的一部分。最重要的是，我们必须亲自行动，不要指望别人来履行我们的职责……我们太过于喜欢寻找替罪羔羊，谴责别人该为环境问题负责。然而我们人人有责，是我们决定了我们所做的每一件事。我们必须把这一点放在心上。[2]

我同意，当阅读着令人沮丧的关于石油泄漏、腐败的商业时，要遵循拉夫洛克的建议很难。我发现，当我只关注稀有气体们为改变世界而做自己的事时，我更容易避免寻找替罪羊。所以，我决定以向你们介绍一些稀有气体人类而结束这一章，他们是我从不可知论科学家到灵性科学家这漫长而迷人的旅程中有幸结识的。

玫瑰花、图尔西和尊严

当玛格丽特和我受到邀请到印度旅行，去见巴拉特·米特拉和芭瓦妮·列弗时，我们感到非去不可。我们怎么能拒绝亲自与这样一对夫妇会面（而不仅仅是在通信软件上）呢？他们创立了一个叫作"有机印度"的充满爱的社区和公司。他们的理念是拥抱盖亚："造物是一体的。地球是一体的。我们是一体的。"

像许多西方人一样，巴拉特·米特拉（来自以色列）和芭瓦妮（来自美国）作为灵性追求者前往印度。在印度，他们找到了一位古鲁，一位名叫室利·H.W. L. 普尼亚（Sri H. W. L. Poonja，又称 Papaji，帕帕吉）的过着简单生活的人。但与大多数朝圣者不同的是，他们留在了印度，勒克瑙（Lucknow，印度北方邦的首府，他们在那里和帕帕吉住在一起）成为了他们的家和有机印度公司的总部。芭瓦妮说:"我们觉得应该在印度发动一场有机革命。"巴拉特·密特拉和芭瓦妮作为开悟的稀有气体分子,为其他"稀有气体"参与者创造了一个社区。不仅在他们自己之间,也在世界其他地方分享他们的光明。

1997年,他们在阿扎姆加(Azamgarh,印度北方邦阿扎姆加县的一个镇)开始了他们的革命。在20世纪60年代,这个社区的许多农民接受了西方公司引入印度的高科技"绿色革命"农耕方法。他们抵押自己的农场和生命去购买昂贵的转基因种子,然后又不得不借更多的钱来支付合成化肥、杀虫剂,以及种植转基因植物所需的现代灌溉工程。他们的目标是抵御曾经被认为不可避免的国家饥荒。一开始它似乎还能奏效。产量增加,以前贫困的城镇和那里的农民致富了。

但是,到有机印度开始在阿扎姆加运作的时候,许多农民已经绝望,他们的幻想破灭了。农田确实变绿了,但在这个过程中,它们吸收了大量的地下水,需要挖掘越来越深的井,借更多的钱。转基因生物(GMOs)和石化喷雾剂制造了一场环境灾难,并带来了灾难性的后果。孟山都公司(Monsanto)的转基因"怪物庄稼"加速了土壤养分的消耗，导致农作物疫病，从而导致害虫入侵。农民们不得不借更多的钱来购买越来越多的化学药品以种植作物，抵御已经产生抗药性的害虫。在过去的10年里，将近20万印度农民无法继续耕种枯竭的农田，无力偿还贷款，结束自己的生命——许多人饮下了杀虫剂，正是那些据说可以用来保证他们和家人生活得很好的杀虫剂。[3]

不出所料，当有机印度来到阿扎姆加时，农民们怀疑更多的西方人要求他们从根本上改变他们的工作方式。而且，作为一个实际问题，他们对成为有机农民很谨慎，因为至少要用3年时间才能证明一个领域是否是有机的。

尽管带着这些怀疑，一位名叫卡拉什·纳斯·辛格（Kailash Nath Singh）的农民还是决定在他占地3英亩的小农场上进行有机耕种。这一小步简直不能更具象征意义。辛格不仅回到祖先耕种的方式，而且还和古老的作物图尔西（也叫圣罗勒）一起种植。这是一种野生药草，已经在印度传统医学（阿育吠陀）中使用了数千年，用以治疗身体和心灵。

现在，多亏有机印度在他们的转型过程中提供了补贴。15年后，阿扎姆加有1000名有机农民，而在印度全国各地有2

万名有机农民。这些心怀感恩的农民讲述的故事非常感人,他们证明了有机农业的可持续发展性——不断丰富的土壤、更健康的家畜、更少的流产和茁壮成长的孩子。卡拉什·纳斯·辛格说:"有机农业对我们的家庭来说是真正的祝福。我们的后代将从中获益,并意识到土地并没有因大量使用化学药品而失去肥力。"

我无法告诉你,当看到在有机图尔西、车前草和令人陶醉的芳香玫瑰田里劳作的男男女女,在用一种可持续的方式耕种着他们的庄稼时,玛格丽特和我感到多么地鼓舞人心。他们实际上是在持续治愈地球。巴拉特·米特拉说:"这不仅仅代表着他们有了可持续的收入,不仅仅是环境变得健康,不仅仅是他们的家畜健康状况良好,不仅仅是他们自己的健康状况得到了显著改善,而且他们还有了再次成为农民的尊严。多么美好、多么自然、多么简单。"

农民的农作物被加工,从勒克瑙运送至世界各地呼吁有机产品的消费者(如玛格丽特和我),这意味着有机印度现在也在产生全球性的影响。公司致力于成为意识的载体,它的经营方式让所有公司员工和购买高质量产品的消费者受益。芭瓦妮说:"除非我们都有相同的意识,否则我们对待彼此会好像双方都不重要一样。"

巴拉特·米特拉和芭瓦妮夫妻二人的最新项目是 AHIMSA（Association for Holistic Integrative Medical Science in Action,整体整合医学协会）,一个由"整合医学专家、科学家、研究人员和有远见的社会企业家"共同组成的独立研究基金会,他们内心和头脑的运作都有稀有气体一般的完整性（平衡）和激情（能量）。与激光一样,AHIMSA 社区的"激元们"目标是激发世界的开悟。怀着无私的爱,他们希望通过经独立研究、有凭有据的"支持、激励和促进所有人健康"的整体疗法,从公司的财务利益中"解放"对健康的关怀。

玛格丽特和我有幸受邀加入 AHIMSA,其对进化进程的深谋远虑尤其令我们印象深刻。归入计划中的一个问题是可持续性的:"我们孙辈的后代将如何看待 AHIMSA？"这是从不可持续的"绿色"农业革命中缺失的观点。我们很高兴成为对人类和这个星球的健康有长远考虑群体中的一员。

有意识地为人父母

首先,我要承认我还没有准备好为人父母,我对父母(和基因)在儿童成长中的重要性一无所知。有了20/20的事后领悟,身为父亲,我有很多事情想回去改变。现在,当看到我的女儿和女婿们有意识地养育孩子时,我简直怀疑自己怎么会这么无知。他们有意识的养育,意味着这些孩子不像他们的祖父,不需要重写很多负面的程序。我想起了巴拉特·米特拉对有机农业的描述,这也可以作为对有意识的教育的描述:"多么美好。多么自然。多么简单。"

英国心理治疗师苏·格哈特(Sue Gerhardt)在《爱为何重要:感情如何塑造婴儿的大脑》一书中写道:"最重要的是,我的研究让我相信,若人们愿意而且资源可用,那么一代的伤害不需要传到下一代。受伤的孩子不用不可避免地成为破坏性的父母。"⁴ 这一点简直不能更正确,它是如此简单。

一代又一代糟糕的育儿方式并非不可避免,但打破这个循环的重要性也不能被高估。在前一章中,我谈到负面编程如何破坏人际关系,但我并没有说好的育儿方式对我们这个暴力的星球会有多么深刻的影响!在20世纪90年代,詹姆斯·W.普雷斯科特(James W. Prescott),美国国家卫生研究院儿童健康和人类发展分部前主任得出结论:地球上最和平的文化特性是,父母保持与孩子大量的身体接触,以及充满爱的抚摸(例如,全天把自己的婴儿背在胸部和背部)。此外,这些文化并不压抑青少年的性取向,而是将其视为一种自然的发展状态,这为青少年成功的人际关系做好了准备。他还发现,孩子(和动物)没有爱的抚摸就无法抑制他们的应激激素,这是暴力行为的先兆。普雷斯科特说:"作为一个成长中的神经心理学家,我对暴力和快乐之间的特殊关系进行了大量的研究。我现在确信,剥夺身体感官的快感是导致暴力的主要根源。"⁵

普雷斯科特颇具说服力的研究在"先进"社会中被忽视了。在这些社会中,出生的自然过程被医学化了,新生儿与父母分离的时间延长;父母被告知要让婴儿哭,因为担心会宠坏他们；父母通过告诉孩子他们不够好以便让其获得更多的成就；父母相信基因决定命运，于是让孩子自己发展。所有这些不自然的育儿行为都是这个星球上持续不断上演暴力的原因。

要让公众意识到，个人权利、有意识的养育与地球和平是相互关联的，是一项艰巨的任务，尽管这些联系已经通过可靠的研究得到证明。但我确信，面对当前的全球危机，人们终于听到了和平与整体观的信息，它是基于现代对传统科学理念的修正而建立的。公众意识提高的一个迹象是，我在《信仰生物学》中描述的"新科学"的一个版本，即量子物理学、表观遗传学和有意识的养育方式的整合。它获得了两个奖项，以表彰其在这个世界创造和平的能力。

第一个是2009年的果阿和平奖，表彰"为实现地球上所有生命的平静与和谐做出的杰出贡献"。果阿和平基金会主席希罗·赛昂吉（Hiroo Saionji）明确表示，"新科学"关于个人权利的信息不仅仅是个人权利，"这项研究……促进了对生命和人性真正本质的更大理解，增强了公众对自己生活的掌控能力，成为了一名负责的创造者，（与其他创造者）共创和谐的行星未来。""新科学"第二次被公开承认是在2012年获得"千禧年和平旗帜奖"。该奖由联合国赞助的阿根廷千年和平以及和平、生态与艺术基金会 [Argentinean Mil Milenios de Paz（A Thousand Millennia of Peace）and Fundación PEA（Peace, Ecology & Art Foundation）organizations] 颁发。

我们很容易陷入自己的个人戏剧和努力建立的成功关系，但是这些奖项把这样的戏剧放入了一个更大、更有意义的背景之中。"新科学"的前景不仅仅是造就一个没有相互依赖关系的世界，也让人不需要在一段关系中纠结于四颗心，而且造就了一个没有暴力的世界，因为所有的孩子都接收到了他们茁壮成长所需要的养分，从而创造出一个更美好的世界。

连接稀有气体

当我准备写这本书的时候,我问我的在线社区:是否有人应用了《信仰生物学》中提供的关系处理的原则?在大量的积极回复中,下面这封信尤其动人,把我镇住了:

布鲁斯,你好:

以下是关于《信仰生物学》如何改变了我和我丈夫的关系的内容。

我坐在柔软的塑料座椅上,凝视着窗外的灯光。当我们沿着从波特兰(Portland)到贝灵汉(Bellingham)的轨道滑行时,火车加快了速度。我听到的只有布鲁斯的声音,我正在聆听他的《信仰生物学》录音。我打算回来的时候,把所有的要点都列出来告诉我的丈夫马丁(Martin)。他在火车站等我，我还没来得及开口，他就和我说他刚读完了一本叫作《信仰生物学》的书。

这对我们来说是一个分水岭。我们决定，是时候改变自己头脑中播放的磁带"轨迹"了。我选了一个心理-K工作坊，这是布鲁斯建议我们重新编程潜意识（也就是我们的磁带）的方法之一，我教给了马丁。

我们制作了一个在我们头脑中经常播放的磁带列表，并使用了心理-K肌肉测试进程来平衡它们。当我们开始这个进程的时候，我们都要工作，彼此相处的时间很少。我们认为这是正常的，并没有意识到我们之间的距离正在拉长。透过过去信念的"磁带"，我们建立的是一种以我们父母的关系为模版的关系。我可以想象，在以后的岁月里，当我们彼此渐渐陌生的时候会发生什么。

现在，我们放弃了那些不为我们服务的磁带，并录下了新的磁带！透过对重新编程的了解，我们开始绘制一条新的道路。我们搬到生活节奏缓慢的地方，并决定创造能激发创造力的工作。一年前，我绝没有想过我们能做出这个：http:// kck.st/ybaRPo。

我们的关系现在更加深刻了。当我们看到旧磁带冒出来的时候,我觉得我们的波长是一样的。我们能够处理这些磁带并共同努力,继续描绘我们最美好的生活。

玛希·克里内(Marcy Criner)

我们在这本书出版前跟进了玛希的进展,了解到她和丈夫在"敲门砖"网站上列出的项目。这是个iPad应用程序,可以让孩子们书写和绘制故事,这个项目没有得到资助。

玛希和马丁毫不气馁,他们没有相互指责:"你应该这样做……不,你应该那样做的。"相反,他们决定推出一个不需要外部资金的新项目(在线课程)。玛西说,因为她和丈夫不再延续基于父母关系的模版而来的关系,而是建立了一种他们的显意识所选择的关系,因此他们能够处理他们的项目没有得到资助这个事实:"我们没有互相指责。我们实际上笑了,然后吸取从这个项目中学到的教训。"

事实上,玛希和马丁已经开始相信这个项目是成功的,因为通过敲门砖网站,他们与一些鼓舞人心的人联系在了一起。

"结果证明，这不是钱的问题。人们聚集在一起支持我们的愿景。"这是又一个稀有气体社区分享光明的例子。

互联网类似人体神经系统，因为它有潜力，可能把70亿人的个体连接到一个叫作人类的生物体内。我不能说我知道互联网会如何进化（不会比我对地球如何进化的细节更了解），但我知道，通过互联网，那些开创了诸如"不杀生（AHIMSA）组织"等的稀有气体们，正在以惊人的速度将他们的运动变成全球化运动。越来越多的人认识到创建一个和谐的全球社区的重要性。他们正在利用互联网连接人类，包括我。我决定采纳自己的建议，不是坐在安乐椅上等待下一阶段的进化，而是坐在我的电脑椅上利用互联网的力量。我想帮助世界各地的稀有气体们连接，不仅通过书和讲座，而且通过我的网站。如果你有故事要讲，也愿意与一个寻求希望和光明的世界分享它，请在 bruce@brucelipton.com 上发送给我，这样我们就可以发布了。通过互联网，我们可以在彼此之间建立能量，使盖亚发光。

有些人可能在想：听起来不错，布鲁斯。但是你确定盖亚会活下来吗？这是人们对我提出过很多次的一个问题，尤其是那些对当今世间的混乱感到沮丧的人们。我不是一个盲目乐观的人,但正如我之前所说的,乐观是因为我有幸透过自己的工作接触到如此多的稀有气体:这些人或单独或集体照亮着整个世界。正如我在第一章中解释的,自然界和进化中有重复的分形模式,它们为可持续性未来提供了洞见、希望和远见。

我相信,我们正在经历的危机将会像过去的危机一样推动进化的改变,尽管我也相信,攀上进化阶梯的下一阶段将会是个崎岖的过程。目前,我们正在见证人们曾经认为是牢固结构的解体,包括宗教、政治、经济和学术。因为它们被封闭在古老而有缺陷的信仰体系中,所以我相信它们需要崩溃,这样我们才可以超越它们的限制性信念。例如"我在你打我之前打你"的优胜劣汰理论,相信人类是随机突变的结果,或认为基因控制着我们的人生——这是奴役了我们150年的过时信念。

我坐在这里看着人类面临的危机,我很兴奋。因为我相信这是一个标志,它表明我们正在迈向下一阶段的进化,一种新的信仰体系,它将塑造一个基于和谐和自我赋权的文明。我无法确切形容这样的结果,如果70亿人决定停止自相残杀和伤害地球,肩负起称作人类的这个超级生命体(而不是变形虫)

的责任，也许能预测当 50 万亿只变形虫合作形成一个人时会发生什么！如果你问一只变形虫会发生什么，它根本无法想象火箭飞上月球，或者手机或电视的出现。同样地，一旦 70 亿人集体意识到他们是人类的一部分，一个更大文明的超个体，则无法预测会发生什么。但我知道这将是美妙的，因为人类的意识是影响这个星球进化的最强大因素之一。

在这段混乱的时期，我建议你避免自我孤立的诱惑，让你的生物学动力去保护你渴望成长的生物内驱力。这是成长的时刻，是一段吸收事物的时期，而不是把自己关在门外。采取一切措施保护你自己（我正在储存额外的食物），但不要止步于保护。与他人接触会带来改变。

我用毛毛虫变形的比喻来描述我们现在的处境。在毛毛虫的皮肤下有 60~70 亿个细胞，每个细胞都是有知觉的实体。事实上，它相当于一个功能性的微型人类。每个细胞都有自己的工作。有的在消化系统中工作，有的在肌肉系统中工作，等等。每个细胞都被"雇佣"并得到"报酬"。毛毛虫在生长，经济在增长。所有的一切都处于一种旺盛生长的状态——这里有着快乐的日子。

然后有一天,毛毛虫停止进食和移动。在毛毛虫的世界里,细胞们开始环顾四周,说:"发生了什么?"消化细胞的供给被切断,有一段时间没有食物进来了。当毛毛虫停止活动时,肌肉细胞就会失去工作。然后所有的细胞开始脱落,它们的生存结构和形成的群落正在分崩离析。细胞们开始恐慌,许多都自杀(凋亡)了。这种高度组织化的结构是毛毛虫从结构中分离出来的一种细胞汤。"哦,天哪!这一切都要崩溃了!"

但有些细胞与受惊的细胞基因相同,以不同的方式反应。在混乱中,这些成虫细胞的视野不同,它们成为创造新视角的领导者。突然间,所有的细胞又聚集在一起,这一次创造出某种比毛毛虫更先进的东西——比如说,一只艳丽的、翱翔的蝴蝶从细胞汤里冒出来。

我认为,人类现在正处于"晚毛虫"时代,有远见的成虫细胞(又称稀有气体)引领着人们通向更美好的未来。我不禁相信,这些成虫细胞或稀有气体将达到十分关键性的数量,我们的星球将会愈合并进化至更高的生活秩序。我想象着翠绿的有机田野、慈爱的父母、幸福的夫妇,以及令人惊异的、发出激光的新蝴蝶。

附　注

1. 詹姆斯·洛夫洛克,《盖亚消失的面孔：最后的警告》(New York: Basic Books, 2010), 196。

2. 詹姆斯·洛夫洛克, 2000 年 "果阿和平奖"。"对话：詹姆斯·洛夫洛克博士会见年轻人," www.goipeace.or.jp/english/activities/award/award2-1.html.

3. 阿莱克斯·莱顿, "印度隐藏的气候变化灾难",《独立报》, 2012 年 8 月 6 日。

4. 苏·葛哈德,《为什么爱很重要：情感如何塑造婴儿的大脑》(New York: Brunner-Routledge, 2004), 2。

5. 詹姆斯·W. 普雷斯科特, "身体的愉悦与暴力的起源",《原子科学家公报》(1975 年 11 月): 10-20。

后

记

*

一部浪漫喜剧

主演：布鲁斯和玛格丽特

-

永
远
幸
福

场景 1:
女孩遇见男孩

我真的相信,我对你一见钟情……
在过去的一年半里,我逐渐了解你,
这给我的爱提供了时间、空间、能量和真正的物质,
滋养了我的灵魂。
我想,这让你成为了(我)灵魂的食物!
我爱你,
玛格丽特。

——摘自玛格丽特—布鲁斯的情书档案

玛格丽特：就像电影里一样，在一个拥挤的房间里一见钟情。或者更准确地说，是在一个拥挤的房间里第一次颠簸而行时的爱，一种令我惊叹不已的震撼。

在 1995 年的围产期和产前健康协会国际会议上，我正走回自己的前排座位时，看到组织创始人托马斯·弗尼（Thomas Verny），他在和某个背对着我的人说话。经过那个陌生人的时候，我不由自主地喘息起来，下意识地把手放在我的心脏部位，我感到一阵能量的振动。

我停下脚步，回头看了看。我脱口而出："嗨。"托马斯和那个陌生人好奇地看着我，声音的来源让他们大吃一惊，我也一样。

我走到我的座位前问自己：哇，哇，那是怎么回事？旧金山大教堂山酒店的会议室里挤满了数百名与会者，但我甚至没有注意到他们。我盯着地板，试图从心脏的剧烈跳动中恢复过来。这已经超越了吸引力，超越了欲望——这是一个全新层面的良好振动。我甚至没有看见他的脸！

最后，我抬起头，发现这名陌生人是下一个小组的演讲者之一，名叫布鲁斯·利普顿。会议结束的时候，布鲁斯激活了观众的热情，我真的不得不挤到围着他的人群前面，同时激励自己：玛格丽特，这可不是腼腆的时候。你得去见见他。我挤到布鲁斯面前的时候，他正把他的家庭住址给一位女士，这位女士想给他寄一张他的录像带。当他说到加利福尼亚的勒本田时，我脱口而出："你住在勒本田？我就住在那里！"

所以，走在这人的身后时，我有这种不可思议的身体本能反应，而且他就住在离我只有几分钟车程的勒本田小镇。

那次会议之前不久，我决定敞开心扉去探索（这是第一次）一种全身心投入的、乐于沟通的、富有表现力的关系。但是，因为我从未有过这样的关系，我也不知该如何去做。所以我向宇宙呼吁（不是第一次）："好吧，宇宙，我想要一个信号，一个非常明确的标志，我要对此做点什么！"我确信我得到了自己的信号！

和布鲁斯一样，我也在重塑自我，我们都走出了已知世界的边缘。我在顶峰组织工作了16年，这是一份紧张而有益的工作，是加州人类潜能运动的引领者。我还与我的导师——正是他创立了顶峰——建立了长达13年的关系。离开我成长于其中的高峰家庭（我在20多岁时开始，39岁时离开）是痛苦的。

离开后不久，我帮忙建立的那家公司倒闭了，我的丈夫去世了（我们被迫分开）。我再也无法逃避这个现实，那就是，我曾经热爱的旧生活已经结束。

在顶峰，我们提供体验式工作坊，我们的核心信息对于那些跟随布鲁斯工作的人来说，是非常熟悉的："你要对自己的生活负责。"事实上，我第一次听布鲁斯讲话时，他正在解释我做了16年的工作，这是我以前从未听到过的。我使用了人类潜能运动的"加工"语言，而布鲁斯使用细胞生物学和量子物理学的语言。但我兴奋地意识到（这是另一个理由，让我相信我从宇宙中得到了信号），我们正在谈论同样的事！

我喜欢在顶峰的工作，我爱我们的客户，我爱我的同事们，他们都像我一样，热衷于自我探究——我们和我们的客户一样，都在搞清楚为什么我们的生活和我们想要的生活不匹配。不出意料，由于我对内在工作的热情，离开顶峰后，我的目标是"加工"（这个词再次出现）我所经历的一切，所以我从中吸取所有的智慧，并以一颗开放的心走进我生命的下一篇章。

但首先要做的是减压。坐在那里，悠闲地喝着咖啡，而不需要赶赴日程表上的下一个预约、下一个电话、下一个一年前预定的工作坊,这真是一种享受。我告诉朋友们,我将在我的空闲时间和独立生活中狂欢。当他们告诉我,他们希望我能找到一个新伴侣时,我愉快地开玩笑说,他们不应该希望我有一段美好的恋情,那只是一些美妙的性爱和很多乐趣而已。

当我和凯瑟琳(Kathlyn)及盖伊·亨德瑞克斯(Gay Hendricks)一起安排指导时,一切都变了。他们用以身体为中心的技术来解开真正发生在个人和夫妻身上的事。亨德瑞克斯夫妇已经在一起20年了,他们本可以是度蜜月的人——他们明显喜欢、爱、欣赏和尊重对方。但他们致力于所谓的"情感透明",并将其定义为"了解你自己的感受能力,以及谈论感受的能力,以便其他人能理解你的感受。"

在与凯瑟琳和盖伊的合作中我意识到,尽管我表达了对亲密关系的渴望,但在关系中,我总是有一点逃避。我知道我不再需要那种关系了——我只靠自己就可以过得很好。但亨德瑞克斯夫妇激励我去梦想:超越我与男人间踢打尖叫的旧有生活模式,转变为亲密关系。我要敞开心扉去面对所谓"大爱"的可能性。

场景2:
男孩失去了女孩

最亲爱的人，

感谢你如此爱我……

即使我的行为举止并不值得如此的爱。

我非常爱你！

布鲁斯。

——摘自玛格丽特—布鲁斯的情书档案

布鲁斯：你可能在想，玛格丽特第一次爱的悸动之后，她和我，两个稀有气体，已经处理掉他们的负面编程（在一个案例中，甚至定期地演讲都会阻止你创造想要的生活），很快就体验到了幸福。

好吧，并不完全如此。我们把我们的关系称为浪漫喜剧，原因是第一个"一个半小时"（实际上是6个月），其中包括一系列的不幸事件和划清界线，以及更多的高层外交特征，而不是快乐的生活，当然也包括许许多多的欢笑。

玛格丽特的心脏悸动对我来说是完全有意义的，这当然不会让你吃惊，因为你已经读过第二章了。你会记得，所有的生物都在传播独特的振动信号。在这种情况下，当玛格丽特与亨德瑞克斯合作时，创造了一种明确而独特的视野，一种具有独特大脑频率的神经视觉系统。然后，当正确的谐波振动进入她的能量场时，她让宇宙，也就是她的超级计算机潜意识，用一个搜索请求提醒她。当玛格丽特走到我身后时，她"读取"了我身上散发的能量签名，与她潜意识正在寻找的频率一致（和谐地……这是一个很好的振动故事）。

玛格丽特下意识地抓住了她的心口，这对我来说也是有意义的，因为我相信，心脏是读取我们能量场的接收和反应器官。当我在加勒比海发生脑细胞记忆顿悟（我在《信仰生物学中》描述过）的时候，在那令人惊异的觉知时刻，正好我的内心立刻做出了反应。事实上，我经常把那一刻称为我的"心性高潮"——这不仅是我"明白了"的时刻，这一刻让我意识到我的内心具有感知真理的能力。

当我遇到玛格丽特时，我理解她的心动。但我没有同样的体验。我知道自己被一个迷人、有趣、强大、清新、直率、诚实的女人吸引了，但我当时还不知道这个对如今的我来说如此明显的事实——我遇到了生命中的挚爱！

正如我在前言中所解释的，当涉及人际关系时，我学得并不快。实际上，我是一个放学后留校、在黑板上抄写1000遍的学生。我知道自己已经在编程方面取得了令人难以置信的进步，这才使得玛格丽特进入了我的生活。但是，编程的残余仍然阻碍着我。我想要的是一段真诚的关系，我仍然想要一段可以让我不用去编辑我17年的口头禅——"我再也不会结婚了"——的关系。

回想起来，我意识到我做出了可能是我生命中最愚蠢的举动——我让她走了!我不想误导玛格丽特,所以我告诉她,我并不是伴侣关系的适当人选。

场景 3 和 4：
男孩和女孩开始了他们的旅程

和你在一起打开了我的爱，
我想继续扩展我对你的美好的爱。
我喜欢和你一起醒来，聊天，咯咯笑，还有爱……
我爱你的傻气。我爱你的欢笑。
我爱我们在一起时的极大乐趣。
我爱你，我亲爱的，
玛格丽特。

——摘自玛格丽特—布鲁斯的情书档案

玛格丽特：当我听到布鲁斯的声音，或者我认为我听到他说他没空的时候，我做了正确的事情——祝他生活愉快。但是后来我哭了好几天，好像我已经失去了我生命中的至爱。这是很奇怪的行为（尽管如果考虑到布鲁斯先前解释的量子物理学，并不奇怪），因为我只和布鲁斯聊了几分钟！

当然，事情并没有就此结束。经历了几次波折（都是我们的浪漫喜剧场景3的剧目）之后，我们开始约会了。但我们尚未完全处在无可动摇的幸福轨道上。

每次我们约会的时候，布鲁斯都会重复他的声明，说他不适合当伴侣，以防我没有接收到这个信息。他确保我们在他家见面，他做饭；他不想"欠"我"人情"，唯恐这是一个永久承诺。

在进行了大量的心灵探索之后，我克服了对"探索与布鲁斯的无承诺关系"的疑虑，并决定承担让自己心碎的风险。我发誓，只要我们的关系持续下去，我就会尽我所能地学习完全与另一个人同在（我放弃了大爱的"完全承诺"那一部分，而不是情感透明的那一部分）。所以，在我每周坐着听完布鲁斯的"免责声明"之后，我们会继续关注我的情感透明议程，这一切都是为了诚实地沟通:"我们需要讨论一些事情……"

令我惊讶的是,我很快就明白,尽管我确实是表面上更强势、更严肃的人,但我遇到了对手。布鲁斯的大脑袋和大心脏意味着我必须变得更加健谈才能跟上他。我开始更多地学习如何表达爱。更令人惊讶的是,我学到了很多关于承诺的知识,而他从来没有使用过这个词。事实上,尽管我对自我探究充满热情,但一开始的时候,情感上的透明让我精疲力尽,因为它需要持续关注,即使我想要离开,一段时间不再关注。在某个时刻,诱惑说道:"这太麻烦了。"

与之相反的是,我选择继续,并专注于享受我们在一起的美好时光——布鲁斯是如此可爱、有趣和甜蜜。我们已经(而且仍然)有很多傻笑,很多欢笑。布鲁斯的一位邻居说,她喜欢看那些聚集在她家门前吃草的马(勒本田是乡村),因为她听到了我们的笑声,这让她很开心。

笑声开始得很早,甚至开始于我与布鲁斯的免责声明和解之前。在我们第一次约会的时候,布鲁斯提议玩拼字游戏。他很快就知道我喜欢拼字游戏,而且我毫不留情地赢了!当我击败他时,他完全惊呆了,也因为我战胜了他那令人生畏的词汇量而使他印象非常深刻。我告诉他,如果我知道自己的拼字游戏能给他留下深刻印象,我早就会建议来一场比赛。

实际上,我打败布鲁斯的方式不是因为战胜了他的词汇量,而因为模糊了两三个字母的拼字单词,这是我很早以前就记住的——我最喜欢的一个字母组合是 oe,猛烈的法罗群岛旋风。布鲁斯开始了一场喜剧表演来展示我的胜利,因为我的胜利中充满了可笑的话语,我就是用那些话语把他打败的。这真是太好笑了,以至于我笑得在地上滚来滚去。打败我对他来说是一个挑战,当他最终做到的时候,我说:"这多么令人振奋啊!"

我们玩得很开心,我们的交流也很深入。对布鲁斯来说,在他跟随别人的剧本追求幸福生活的时候,生活已经变得很严肃了。我也意识到,在经历了 16 年专注于直面事物的职业生涯之后,我现在需要的是,放松和软化我的语言。

朋友们开始注意到我们在一起时是多么美好。布鲁斯的朋友知道他对承诺的恐惧,并告诉他不要做任何破坏我们关系的事。一个朋友对他说,除非他带着我,否则不要回来。我的老朋友们告诉我,他们从未见过一个能如此完美匹配我的高能量水平的伴侣。

尽管布鲁斯需要重复他的免责声明,我只需要把我的情感透明议程推进得很猛、很快(粗野地说是,免得我无法摆脱又一个不想处理自己"大便"的男人),在某种程度上,像我们的朋友一样。我相信,我们知道自己已经开始我们的永恒幸福之旅。

场景 5 等:
通向永恒幸福的坎坷历程

通向真爱的道路从无坦途。

——威廉·莎士比亚《仲夏夜之梦》

玛格丽特：当然，这仍不是一条通往永恒幸福的坦途。

人们总是问我，布鲁斯和我会不会吵架。我告诉他们，最初当然会，而且是很多夫妇都熟悉的吵架方式。然后，我诉说了我们的故事——是一趟没有卫星导航的旅程。

这不是一趟长途旅行，我们只用驾驶大约两个小时时间去拜访朋友。但我们迷路了。我一直建议停下来看方向，而布鲁斯却一直在转弯并试图找到出路。是的（叹气），我知道，这是典型的男—女反应！我说了一些类似"我就不会那样做"之类的话。但当时布鲁斯对我，也对自己很生气，他驶进一个购物中心的停车场，下了车，说："好吧，你开车。"然后（在公共场合），我们面对面朝对方叫喊，告诉对方该做什么，去哪里。

经过几秒钟的激烈对抗，我们停了下来，彼此分开，做了深呼吸，发出了类似"唉哟！"和"哇哦！"的声音，然后回到车上。我们沉默了很长时间。接着，我们开始谈论我们都有非常强烈的下意识反应。谈论这感觉有多糟糕，不是我们想要的。这与我在教堂山酒店体验到的良好的心脏振动完全相反。这是一个关于不良振动的教科书般的案例！事实上，几乎花了一个星期（布鲁斯记得是两个星期），"坏"的气氛才消散。在那段时间里，我们一致认为这不会再发生了。我们过去都经历过那种不稳定的、破坏性的关系，我们确实很清楚，我们不会那么样做了。

当时，我们仍然可以迅速地坠入强烈的愤怒，这令我们很震惊。但现在，以多年幸福美满生活的角度来看，我认为没有黑暗冒出来的真正亲密关系是不可能的，那种愤怒会让你希望伴侣受点苦，那种受伤的感觉会让你想要报复。

停车场争吵之后，我们问自己：我们是想要一直保持正确，还是想要建立一段关系。我们选择了我们的关系。然后，我们有意识和无意识地（我们总是察觉我们的四个头脑）决定承担起成为控制狂的责任，并努力放下我们想要保持正确的需求！

首先，我想出了一种抑制自己在情绪激动时说话的技巧。我认为这是我们都熟悉的模式。你知道自己想说的话会在伤口上洒盐，所以你发誓不会说出来。但无论如何你都会脱口而出（这是一种破坏性的潜意识编程），因为你知道你是对的，你的伴侣是错的。我克制批评的声音出口的方法是，冲进浴室，看着镜子里的自己，对自己说："玛格丽特，你是想要正确，还是想要爱？"这需要练习，但我一遍又一遍地练习，效果很好。在对着镜子练习一段时间后，我会回到房间，把能量转移到我的心中。我的话语是善良的，因为我选择将我的能量转化为无条件的爱。

　　布鲁斯和我还逐渐形成了另一个技巧，帮助我们从伤害、愤怒或恐惧转变为无条件的爱。我们养成了一种习惯，这种习惯现在已经变得自然了，即：用触摸默默地重新建立连接，而不争论谁是对的。重新连接意味着不管你有多难过，不管你认为伴侣多让你受伤，不管你多么希望你的伴侣受点小苦，你们都坐在一起，不说话，也不争论，而是在比言语更深的层面上重新沟通。如果放弃了争论的细节，并与对方保持联系，你的心就会重新打开，一切都会很快得到处理。你们必须确保你们的膝盖、手或手臂保持接触。如果不接触，你们可能就会坐在那里烦躁不安！

　　我们也养成了每天用爱的语言来重新连接的习惯，即使布鲁斯在去讲课的路上，我们也要通过通话软件来完成这件事。我们会一直说"我爱你"——当我们在走廊里走过的时候，当我们中的一个离开家的时候,等等。我们会随意地用可爱的昵称(布鲁斯发明的),比如"呆鹅,布鲁斯"。我们还确保每天都有很多身体上的安慰:大量的拥抱和吻别,这些吻被赋予了另一个愚蠢的昵称——"空间对接"。

如果你认为这听起来有点夸张,那么你不是第一个。莎莉·托马斯(Sally Thomas)和我一起在爱之山制片公司工作。她说,第一次见到我们的时候,她觉得一直说"我爱你"太"黏糊"了。后来,她开始欣赏这样做:"不管事情有多紧张,布鲁斯和玛格丽特总是使用接纳、爱和友善的交流方式。他们不因执着于事情而变得愤愤不平。蜜月效应没有被消磨掉。"然后她开始模仿我们。"有趣的是,这对我产生了影响。当你和别人在一起时,这是一种很好的方式,他们会让你发疯,但你只需要记住:你爱他们,至死不渝。"

就我而言,我认为不断强化是一件好事。我再也不会把我们的幸福视作理所当然!和布鲁斯一样,我的核心家庭也没有建立起积极的关系。我16岁离开家,知道自己能比家人更好地照顾自己,因为我是家里的成年人。我相信,如果我们两个都没有意识到我们的负面编程,并采取措施克服它,每天用支持和感激的话语(和行动)加强我们的爱,那么我们的浪漫喜剧会变成一场悲剧。

最后,只有良好的振动是不够的,这不会让读过这本书的人感到惊讶!我遇到过一些人,他们确信自己是对方的灵魂伴侣,因为他们精力非常充沛,但他们的关系并没有成功,至少在这一生中是这样。在我们继续幸福地生活之前,我们都需要处理阻碍我们的无形包袱。

最终场景：
永远幸福

你的美照亮了我的生命——我深深地爱着你！

我真的明白天意，因为你让我的领悟变得完整。

爱你，我最亲爱的呆鹅，

布鲁斯。

——摘自布鲁斯—玛格丽特的情书档案

布鲁斯：我跟你说过我学得很慢，但是在这种情况下还不是那么慢！

相遇6个月后的一天，我们待在客厅里，玛格丽特坐在沙发上，我坐在地上倚着沙发。突然我大笑起来，然后自己停下来。玛格丽特不停地问我在笑什么。最后，我告诉她。我几乎脱口而出："玛格丽特，你愿意嫁给我吗？"这是我历经17年重复"我永远不会再结婚"的咒语之后的重大新闻。玛格丽特对此的回应是："是的，没错。"事实上，她一直是这样的反应，我花了一整个星期才说服她我是认真的！

最终，我认识到玛格丽特就是我想共度一生的女人。我也意识到，我已经生活在我所渴望的关系之中了。我们分享着所有的东西，包括培根——如果有4个，她就会得到两个！我们在一起时很开心，也很亲密。

虽然这是一个里程碑，但放弃我的"永不结婚"剃须咒是一个自然的进步，我不必多想。我的转折点出现在我意识到我以自己的生命信任着玛格丽特的时刻。我心里明白，如果我需要有人在我无能为力的时候做出决定，她将是我唯一信任的人。在我（在这颗星球上）的整个生命中，我从未有过这样的感觉:如果有必要的话,我可以把我的生命交给别人。对我来说,这种认识是令人难以置信的——我已经如此信任她了。

当我说服玛格丽特,对于我的新层次信任我是认真的(并且不再需要重复我的声明)时,我们决定做一个关于"永远幸福"的实验。实验,或者说是挑战,继续我们正在做的事情而没有任何最终目标。取而代之的是,实验结束后,我们致力于一种禅宗式的快乐,一个没有任何长期目标的、"当下"的实验。17年过去了,我们的幸福时刻还在继续。

和玛格丽特一样,我不认为我们的实验一定会成功。我们有一个伟大的开端,但如果我们没有纠正错误,如果我们没有处理那些遗留的无意识行为,我不认为我们会成功。

玛格丽特已经描述了"爱之沟通"的一些习惯,我们也花了一些时间来让它融入我们的潜意识。我认为我们为自己留出的"蜜月周末"也很重要。蜜月周末有3天的时间(当我们的行程允许时,这个时间很快延长到了4天),为隐居山野而将"真实的"世界抛之脑后。即使是现在,我们更忙了,不能总是安排那些周末,我们仍然有那样的"接入点",那就是我们在先前那些蜜月周末中所体验到的、彼此之间的爱与欢乐,我们至今仍在体验着。

有时候,我承认,我不禁希望我们可以在年轻的时候就体验到那些爱与欢乐。有一次,我对玛格丽特说,如果我们高中就遇见的话,我们可能在高中就成为恋人了。她很感动。但接下来,我们思考了一下得出结论:这是不可能的。如果我们在高中相遇,那么没有卫星导航的公里旅行可能就不止发生一次了——我们都有很多东西需要学习(实际上是很多潜意识编程要化解)。然后,我们停止了不稳定的、相互依赖的旋转,变成了稀有气体!

我在生活中一遍又一遍地学到,直到你将自己的行为整合之前,你都还没有为大爱做好准备。你所准备的是迫切需要伴侣的那种相互依赖关系(请记住加勒比地区的那个女人,她正确地告诉我,我太黏人了)。当你学会像稀有气体那样用自己的力量平衡自己的时候,大爱才会成为可能。而我经历了40年的焦虑,但我必须告诉你,现在我在这里,焦虑与我毫不相干。到这里来,一切都是值得的!

我希望,通过阅读本书,你能够在自己的学习生涯中剔除很多东西——没有任何理由让你必须像我一样慢慢地学。既然你已经知道潜意识的编程，以及它如何破坏你的生活和人际关系，那么我希望你能积极主动地化解那些编程，积极主动地为你在生活中创造的关系承担责任，并积极主动地把相互依赖的关系抛在脑后。无论如何，如果你喜欢浪漫喜剧，那就继续看。但是坐着看别人的剧本和写自己的剧本有很大的不同。创造你自己的浪漫喜剧，让你想成为的人和你所吸引的人成为主角。

　　写你自己的幸福剧本意味着没有更多的"受害者研究"，不再有我曾经创造的那种"她让我犯错"之类的故事。而且，请不要为过去的关系感到内疚！你怎么知道那些与你无关的、看不见的编程是如何破坏你的人际关系的呢？

　　继续前进，抓住今天的每一个瞬间。放手昨天！没有借口！如果来自美国失衡街的玛格利特和我可以做到，你也可以。当然，如果你是那些在二年级相遇、高中坠入爱河、成年后茁壮成长的幸运儿，那么恭喜！至少在生命中的关系领域，你不需要宽恕或鼓舞。你们的四颗心已经匹配了。

　　尽管我希望能够提供一些鼓励，但玛格丽特和我并不可能提供永恒幸福关系的蓝图，因为关于创造永远的幸福，并不存在放之四海而皆准的公式。如你所知，玛格丽特和我采取了完全不同的方式来达到为创造永恒幸福而做好准备的程度。尽管我无法为你提供一份蓝图，但我可以提供一些资源，一份方便的蜜月效应清单，就在后记之后的附录中。

我也不能给你提供完美的典范。永远幸福的生活并不意味着我是完美的，或者我生活中的一切都是完美的。它的意思是我已经改变了我自己和我的生活。我（与从前）生活在同一个世界，但这个世界又和我以前生活的世界不一样。过去让我感到不安的事情（比如漏水的屋顶，停车罚单，还有本书的最后期限）并没有让我颠三倒四，也不会让我们的关系失去平衡。无论我们生活中发生了什么，玛格丽特和我永远不会失去我们的爱。无论发生什么，没关系。

我能给你的是对一个更美好世界的希望。

当你建立了一段幸福的关系之后，你开始吸引志同道合的人，他们在你和你曾经所处世界的另一端形成了缓冲带。你创造了自己的泡泡，里面充满稀有气体的光芒——从第五章开始的那些"开悟"的稀有气体。也就是，知道有另一种生活方式的人。

我相信，如果我们的生活没有被编程所扭曲，那么整个地球将会成为这个泡泡的一部分。整个星球会像激光一样发光，因为它将是一颗充满爱的星球。爱因斯坦曾经说过："有两种生活方式。一个就好像什么都不是奇迹，另一个就好像一切都是奇迹。"创造你自己的光，与你的伴侣和他人分享，这样，这个星球将会发光。稀有气体们的激光每天在地球上创造天堂。像我的英雄爱因斯坦一样，稀有气体们知道，我们可以像他们那样奇迹般地生活。

附录一
蜜月效应清单

1. 显意识审查:"注意"你要求的是什么。

2. 潜意识审查:在你能够有意识地"思考"它之前,留意你所接收到的编程。

3. 利用工具来重新编制你的潜意识程序,包括能量心理学(又称超级学习)、催眠、潜意识磁带和正念(活在当下)。

4. 每天都做一些善意的、频繁表达爱意的举动,并根据你们的关系来调整。

5. 当你们有争执的时候,向你的伴侣敞开心扉,或者通过沉默和肢体接触来结束你们的口角,从而恢复关系。

6. 首先改变你自己的生活,这样你就能吸引到一个可激活的稀有气体伴侣。

附录二
喜剧电影疗法(按字母顺序排列)

Amélie ——《艾米丽的异想世界》

As Good As It Gets ——《尽善尽美》

Blast from the Past ——《超时空恋爱》

Bridget Jones's Diary ——《布里吉特·琼斯的日记》

Continental Divide ——《被隔离的大陆》

Defending Your Life ——《致命辩护》

Definitely, Maybe ——《爱情三选一》

Doc Hollywood ——《好莱坞医生》

Educating Rita ——《丽塔的教育》

Groundhog Day ——《偷天情缘》

High Fidelity ——《高度忠诚》

It Could Happen to You ——《倾城佳话(爱在纽约)》

Jerry Maguire —《甜心先生》

Love Actually —《真爱至上》

Moonstruck —《月色撩人》

My Big Fat Greek Wedding —《我盛大的希腊婚礼》

New in Town —《初来乍到》

Sleepless in Seattle —《西雅图夜未眠》

Splash —《美人鱼》

The 40-Year-Old Virgin —《四十岁的老处男》

The American President —《白宫奇缘》

The Goodbye Girl —《再见女郎》

Today's Special —《今日特餐》

When Harry Met Sally —《当哈利遇上莎莉》

资源信念改变疗法
——进入和重新编程潜意识(按字母顺序排列)

炼金术疗法(www.shamanicjourneys.com)

炼金术疗法是结合了萨满教和能量疗法的创新方法,用炼金术的原理来创造物理疗愈、治疗型咨询和灵性成长。

炼金术技巧(www.alchemytechniques.com)

炼金术技巧是将自我的各个方面整合到心脏(中心)最深处的技巧集合。

自然疗愈的身体代码系统(www.drbradleynelson.com)

终极能量治疗和身体平衡的身体代码系统,是发现并纠正阻碍健康和幸福潜在失衡的程序。

身体会话系统(www.bodytalksystem.com)

身体会话,被设计为重新同步身体的能量系统,使之能够按自然的意愿运行。

意识2.0（consciousness2-0.com）

　　意识 2.0 是一个自我引导程序，通过"卸载"恐惧、判断、限制、挣扎和痛苦和"安装"每个人的最高自我意识来"升级"破坏性编程。

核心健康（www.corehealth.us）

　　核心健康的 DTQ（Deeply, Thoroughly, Quickly，深入、彻底、快速）是永久激活一个人天生的健康核心的过程。

EMDR（www.emdr.com）

　　EMDR 是一种心理治疗，比传统疗法能更快速地使人从因生活经历而产生的、令人困扰的症状和情绪压力中恢复。

情绪释放技巧（www.eftfree.net）

　　情绪释放技巧，基于对身体精微能量的新发现，被用来治疗情绪、健康和行为问题。

疗愈代码（www.thehealingcode.com/home.php）

　　疗愈代码，被设计为消除身体的压力，从而允许神经免疫系统治愈身体中的任何病灶。

亨德瑞克斯学院（www.hendricks.com）

  亨德瑞克斯学院是一个国际学习中心，教导有意识的生活和有意识的爱之核心技能，并致力于创造一个世界范围内的社区。社区成员是那些想要探索新的爱之高度、创造力和福祉的人。

全息重塑（www.repatterning.org）

  共振重塑是一个系统，用来识别和清除潜藏在你所经历的任何事件、问题或痛苦背后的能量模式。

双脑同步共振（www.centerpointe.com）

  双脑同步共振是一项神经听觉技巧，用于建立大脑半球之间的平衡，以增强心理与情感健康和心理机能。

内心共振技巧（www.innerresonance.com）

  内心共振技巧的七步设计，允许每个人的自动运作系统在身体、情绪、心理和灵性上重新平衡和协调。

瞬间情绪治疗（www.instantemotionalhealing.com）

  《瞬间情绪治疗：情绪压指疗法》是彼得·T. 蓝伯（Peter T. Lambrou）博士和乔治·J. 布拉特（George J. Pratt）博士合著的一本解释能量心理学基础的书。

旅程（www.thejourney.com））

　　旅程的目的是在"源头"或灵魂的最深层面读取身体自身的疗愈智慧。

生命流冥想（www.project-meditation.org）

　　基于生物反馈研究，生命流冥想让听者进入脑波状态，从而提高幸福感、安宁感和学习能力。

纯身心（www.netmindbody.com）

　　纯身心是一项身心减压技巧，旨在找到并消除与未解决的身心问题相关的神经系统失衡。

神经连接的神经集成系统（www.neurolinkglobal.com）

　　神经连接方案充分发挥大脑恢复身体及其所有系统的潜能。

心理-K（www.psych-k.com）

　　心理-K是一组改变潜意识信念的原则和进程，正是那些信念限制了你——拥有人类体验的神圣存在——全部潜能的表达。

快速眼动技巧（www.rapideyetechnology.com）

　　快速眼动技巧，通过模拟快速眼动睡眠——身体的自然释放系统——释放压力和创伤（不是缓解外伤）。

修复性疗法（www.thereconnection.com/about）

　　修复性疗法使用振动频率来治愈身体、心理和灵魂。

轮圈法（www.riminstitute.com）

　　轮圈法重建细胞记忆中的积极影像，产生潜意识的改变，以促进情感和身体的健康，并获得更大的成功。

罗森法（www.rosenmethod.org））

　　罗森法的特点是温和、直接触摸，用"倾听而非操纵"的双手缓解慢性肌肉紧张。

塞多纳法（www.sedona.com）

　　塞多纳法教人们如何利用他们天生的能力来释放痛苦或不想要的情感、信仰和念头。

希尔瓦超脑超感官知觉系统（www.silvaultramindsystems.com）

　　希尔瓦超脑超感官知觉系统，是一个解锁人们头脑中不可思议力量的系统，它连接到一个更高的力量，为引导更幸福、更成功的生活提供指导。

三位一体观念（www.3in1concepts.us）

　　基于应用人体运动学的研究和发展，三位一体观念帮助那些想要承担责任的人,通过整合身体、心理和灵魂来创造他们自己的幸福。

哇哦进程(www.thewowprocess.com)

哇哦进程是一个减轻身体、情感、心理或精神压力和痛苦的进程。

致 谢

我理解和学习如何活出蜜月效应的道路,就像过山车一样,有极度的高潮和令人警醒的低谷。在我的旅途中,我从许多老师那里获得了知识,我也和他们分享了身体、情感或灵性生活经历。许多人都很乐意教导他人,坦率地说,有些人则并非如此。然而,每个个体共同促成了这一改变生命的知识的伟大综合。

首先,我要向一些非常重要的老师致敬,他们的智慧让我了解了生命的根本奥秘。感谢那些我研究中的干细胞,以及我所知的由 50 万亿个细胞组成的"布鲁斯"。人类文明的未来真的是由细胞的智慧书写的。

当我踏上通往人间天堂的道路时,我发现自己被天使——所有宗教中所描述的充满爱的神灵——包围着。"天使"这个词来源于希腊语 angelos,意为"预兆"或"信使"。我生命中的每一位天使都教会了我宇宙之爱的一个方面。对许多人来说，宇宙之爱代表上帝。

帕特里夏·A. 金（Patricia A. King）是对这项工作有重大贡献和影响的一位光明天使。帕特里夏是旧金山湾地区的自由撰稿人，也是《新闻周刊》前记者，在旧金山分社工作了十年。她负责图书项目、报纸和杂志方面的工作，重点关注健康问题，尤其是身心医学和压力在疾病中的作用。帕特里夏是波士顿人，住在加利福尼亚州的马林郡。

正如我们在早期合作中所经历的，我发现帕特里夏是充满爱心的同事和出色的编辑，这让《信仰生物学》成为畅销书。正如许多人所证实的那样，我拥有几百万的词汇量，而我的天使帕特里夏则把我的词汇量缩减到本书中 4 万，这些是可读性强、内容丰富，且往往不乏幽默的文字。

另一位颇有贡献的天使是我亲爱的"灵性上"的儿子鲍勃·穆勒（Bob Mueller）。他具有艺术家的才华，是封面那美丽如梦幻一般的艺术的创造者。正如在《信仰生物学》和《自发演化》中所发生的那样，我向鲍勃讲述了一个故事，他编织了一个视觉上令人震惊的形象，捕捉到了这项工作的深层本质。谢谢你，亲爱的鲍勃——这是三个封面的三个胜利！鲍勃是华盛顿贝尔维尤市光速设计公司的联合创始人和创意总监。他和他的公司为企业、科学博物馆和世界各地的天文馆制作了获奖3-D技术和令人惊叹的灯光和声音节目。可以在www.lightspeeddesign.com 上看到鲍勃的创意活动实例。

　　特别感谢的是，爱之天使们聚集在一起审阅手稿，评论工作，并提供宝贵的反馈，用于微调文本。我爱每一位亲爱的和值得信赖的朋友，在把这本书带给你的过程中，他们扮演了至关重要的角色。他们是（顺序随机排列）：雪莱·凯勒、黛安娜·萨特、苏珊·梅金尼斯、科特·瑞克斯罗斯、特里和克里斯汀·格诺、特蕾莎和沃恩·怀尔斯、罗伯特和苏珊·穆勒、琼·博里森科和戈登·德维林、帕特丽夏·特蕾特、奈德·莱维特、巴里和卡伦·拉什顿、雪莉·伯顿、莱因哈德和米凯拉·富克斯、巴瓦尼和巴拉特·米特拉·列弗。尤其感谢莎莉·托马斯，她不仅仅是读者，还是我们的朋友和友爱的同事。

　　我永远感激家人对我的爱和支持，不管事情变得多么奇怪，他们都和我在一起。感谢妹妹玛莎和哥哥大卫，我爱你们，因为你们分享了人生旅途中所经历的痛苦和欢笑。感谢女儿坦尼娅，在她的生活中我看到了人间天堂。还有她的爱人基恩·布莱斯、我的孙子基恩·加布里埃尔和利利·阿纳贝尔，以及我的女儿詹妮弗，她的终身伴侣斯特夫，还有我的孙子迈尔斯。

最后，也是最好的，本书中的信息和地球上的所有人间天堂，就个人而言毫无意义，因为如果不与我最亲爱的朋友和老师玛格丽特·霍顿分享，爱是不存在的。在这奇妙的觉醒之旅中，玛格丽特是我的爱与光之天使，我的灵感和指引。我们分享的爱是来自宇宙的祝福。

关于作者

布鲁斯·H. 利普顿博士是新生物学的先驱,也是国际公认的连接科学与灵性的领导者。布鲁斯是一名细胞生物学家,他是威斯康星大学医学院的教师,后来在斯坦福大学进行了开创性的干细胞研究。他是畅销书《信仰生物学》一书的作者,也是最近的畅销书《自发演化》一书的作者(与史蒂夫·巴勒曼合著)。布鲁斯 2009 年获得了著名的"果阿和平奖"(日本),以此表彰他对世界和谐做出的科学贡献。2012 年,他又被选为阿根廷米伦·德·帕兹"千年和平旗帜"项目的和平大使。